GitLab CI/CD 从入门到实战

贯穿软件开发生命周期 | 有效帮助团队提升 DevOps 能力

庞孟臣 著

人民邮电出版社
北京

图书在版编目（CIP）数据

GitLab CI/CD从入门到实战 / 庞孟臣著. -- 北京 : 人民邮电出版社, 2023.4（2023.11重印）
（CSDN开发者文库）
ISBN 978-7-115-61163-5

Ⅰ. ①G… Ⅱ. ①庞… Ⅲ. ①软件工具－程序设计 Ⅳ. ①TP311.561

中国国家版本馆CIP数据核字(2023)第026488号

内容提要

本书主要介绍 GitLab CI/CD 的相关内容。首先介绍 GitLab CI/CD 的基础知识，包括 CI/CD 的几个基本概念（pipeline、stages、job、GitLab Runner 和.gitlab-ci.yml 文件）；然后介绍 GitLab CI/CD 的 35 个关键词、每个关键词的语法及其使用场景，并给出一些示例；最后介绍 CI/CD 的实践，通过 3 种不同的项目详细讲解各种部署方式，包括微服务架构项目流水线开发、GitLab CI/CD 与 Kubernetes 的集成，以及如何将项目部署到 Kubernetes 集群中等。本书还给出了两个附录，分别是 GitLab CI/CD 中的预设变量和 GitLab CI/CD 测试题。

本书适用于想要提高研发团队的软件集成、软件交付效率的开发和运维人员。

◆ 著　　　　庞孟臣
责任编辑　吴晋瑜
责任印制　王　郁　焦志炜

◆ 人民邮电出版社出版发行　　北京市丰台区成寿寺路 11 号
邮编　100164　　电子邮件　315@ptpress.com.cn
网址　https://www.ptpress.com.cn
北京天宇星印刷厂印刷

◆ 开本：800×1000　1/16
印张：12　　　　2023 年 4 月第 1 版
字数：252 千字　　　　2023 年 11 月北京第 3 次印刷

定价：79.80 元

读者服务热线：(010)81055410　印装质量热线：(010)81055316
反盗版热线：(010)81055315
广告经营许可证：京东市监广登字 20170147 号

推荐序一

很高兴向大家介绍《GitLab CI/CD从入门到实战》这本书！在我的印象中，这应该是业内第一本由中国技术人员原创的，系统、全面地讲解GitLab CI/CD的图书。

作者庞孟臣是在CSDN坚持创作7年的博主，这是他的第一本书，但是这本书建立在跨度7年、100多篇技术文章的基础上，是结合了他大量的DevOps实践和上千名读者的交流、认可基础上的。大家可以去看看作者在CSDN上的成就页面（CSDN账号：拿我格子衫来），庞孟臣在上千万的活跃用户中排名前400名，他的技术方向涉及GitLab、运维、Docker、前端等技术领域，足以说明他过硬的技术实力。

持续集成/持续发布（CI/CD）这个名词讲起来简单，但是从理论到落地，有无数的细节和策略要考虑。有了完善的CI/CD，一个团队就能每周、每天构建并发布最新版本的产品，这对于团队做出高质量的产品、维持敏捷的流程以及树立员工对产品的信心是非常重要的。这本书覆盖了CI/CD入门的基础操作和配置，全套流水线的实现，还给出了3个不同特点的实战用例，是所有做GitLab CI/CD的工程师的内容，对于其他类似的技术栈也是非常好的参考书。另外，我想说明我特别喜欢的一点——本书中的代码可以在作者的博客和代码仓库中方便地检索到。这真正帮助了那些想动手实践的用户。此外，读者在实际工作中如果发现有改进的地方，可以通过开源协作的方式提issue，提PR改进。

这是 CSDN 和人民邮电出版社合作的“CSDN 开发者文库”丛书中的第一本，我们双方希望把所有开发者文库的图书都能做到纸版书和电子书、代码、线上问答相结合，为读者提供全方位的服务。从 0 到 1 不容易，庞孟臣打响了第一枪之后，相信会有源源不断的博主的作品加入“CSDN 开发者文库”，给 IT 界带来更多高质量的技术专著。

邹欣　CSDN 副总裁

推荐序二

孟臣同学是我公司优秀的一线开发者，也是一名技术控。在工作中，他充分展现了自己对技术研发的喜爱：了解新技术，学习技术，专精技术，分享技术。孟臣在工作中善于对问题进行深度分析，在出色完成各项研发任务之余，他主动思考如何为业务赋能，优化项目构建部署流程，做出优秀的产品，且主动撰写了 6 个创新专利。他在工作之余撰写技术博客，从事专题研究，令我钦佩不已。

在技术博客方面，7 年来，他笔耕不辍，持续输出优质的原创博客，获得了众多订阅者的肯定。本书中的内容就来源于他博客中 GitLab 的系列文章。

在专题研究方面，选定技术专题（如 GitLab CI/CD、Node-RED、ThingsBoard、Monaco 编辑器等）后，他愿意花费两三个月甚至更长的时间去阅读、实践，以及系统地学习。

这本书是他利用业余时间写就的，既是他长期坚持总结的成果，也体现了他对技术的追求和态度。

我看到试读样章后，特别想把这本书推荐给读者。因为软件研发在基于人工编写代码的模式下不会有“银弹”，如何提升研发效能成为技术团队必须解决的问题。CI/CD 方案是当前最有效的解决手段之一，通过建设部署流水线，打通从代码开发到功能交付的整个环节，以自动化的方式完成构建、测试、集成、发布等一系列行为，实现持续集成、持续交付、持续部署，最终实现向客户持续高效地交付价值。

GitLab 作为国内代码管理领域市场占有率第一的平台，在持续集成与流水线中仅次于 Jenkins，为企业和个人所广泛使用。GitLab 自 2011 年面世后，其发展历史已超 10 年，市面上却一直缺少专业的学习教材。本书作为业内第一本专门解读 GitLab CI/CD 的中文图书，有效填补了此空白。本书包含两部分内容：基础篇与实战篇。其中，基础篇介绍了环境搭建、Runner 配置、流水线及关键词等内容，阐述了 GitLab CI/CD 的运行原理，实战篇则基于不同类型的项目实操讲解如何应对复杂的业务场景挑战。

本书是作者参考官方文档，结合自己的实际工作经验和技术思考的沉淀，内容专业、全面，且理论结合项目实践，既适合新手入门学习，也适合有经验者研读参考。

张加振　滴普科技 IPD 管理部总监

前言

当下，在软件开发过程中，软件开发团队面临复杂度高、研发效率低下、交付成本高昂等难题，因此，CI/CD 应运而生。在研发过程中，CI/CD 工具可以起到提高自动化集成与部署的效率、快速扫描、发现问题、提升开发体验等作用。随着技术的快速发展，此类工具如雨后春笋般出现，其中 GitLab CI/CD 以体验良好、跨平台支持等优势快速占领市场。值得一提的是，2021 年 10 月，GitLab 以估值 149 亿美元的市值上市，也侧面反映了其技术价值。

2020 年 6 月，作为一名前端开发工程师，我进入滴普科技的容器平台部门工作。正是在那段时间，我开始接触到很多新的东西，如 Docker、Kubernetes、Istio 和 Rancher，而 GitLab CI/CD 也是那段时间接触到的。彼时接触 GitLab CI/CD，我只是想找一个能快速把项目部署起来的工具。在不断的学习过程中，我逐渐为 GitLab CI/CD 的丰富特性所吸引，然后将大量业余时间花在了对它的学习上。

后来，我在公司的项目中进行了很多 GitLab CI/CD 的相关实践，在公司内部交流会和 GitLab CI/CD 社区分享了一些经验。我还在 CSDN 和哔哩哔哩上开设了 GitLab CI/CD 的专栏并提供相关教程，其中，CSDN 的专栏收获“10 万+”的阅读量，哔哩哔哩的视频教程收获“6 万+”的播放量。作为一名前端开发工程师，我之所以愿意花大量时间去学 GitLab CI/CD，是因为它真的能够帮团队提升研发效率，快速将项目自动部署到对应的环境。不管是使用 Docker 部署，还是远程部署，只需要编写几行核心的部署代码，分支和触发条件都可以通过简单的关键词配置来实现。你也可以为每一个分支编写独特的业务流水线，甚至可以将公共的业务流程提取到公共模块中供其他人引用。

决定编写本书之前，我有两个顾虑：一是，虽然坚持写作 6 年多了，但写书还是第一次，对这种需要严谨构思，并需要具备相当好的文字功底的事情有点儿不自信；二是，研究 CI/CD 开发流水线并不是我的专职工作，对于所涉及的一些概念、技术发展史及 Shell 脚本，我深知自己缺乏深入的研究。但经过深思熟虑，我确定自己还是想把所掌握和实践过的内容付诸笔端，跟广大读者分享。原因有二：其一，我认可 GitLab CI/CD 的优点，并且认为它会在 DevOps 领域大放异彩；其二，目前图书市场上缺乏系统讲解 GitLab CI/CD 的图书，也缺少成体系的学习资料。基于上述原因，我便踏上了编写本书之路。

写书期间，每逢周末，我要么查资料，要么反复修改书稿，希望能尽我所能，把自己的所学和经验清晰、准确地分享给读者。

本书从初学者的角度出发，帮助读者了解 GitLab CI/CD，进而学以致用，快速搭建规范、安全、可靠的流水线。本书主要基于 Docker 讲解如何搭建 GitLab CI/CD，详细讲解其中的配置项以及 30 多个流水线关键词的使用方法，并在最后展示 3 个具有代表性的实践项目，讲解如何以多种方式部署前端项目。

为了保证内容的连贯性和结构的完整性，本书将理论和项目实践加以拆分，但读者不需要严格按照该顺序学习。根据笔者的经验，最佳的学习路线是“熟悉 GitLab CI/CD 的基本概念→搭建并配置基础的 GitLab CI/CD 环境→熟悉初阶关键词→编写简单的流水线→熟悉高级 GitLab Runner 配置→熟悉中阶和高阶关键词→实践更为复杂的 CI/CD 场景”。

成书之际，感触颇多。感谢我的母亲！她勤劳善良，抚育我成长，一直为我们操持家务，还帮我们照顾年幼的女儿，让我能心无旁骛地专注于写作。

感谢一直给予我陪伴和理解的妻子！她给了我一个可爱的女儿和一个温馨的家，是我的坚强后盾！

感谢我的女儿绾一，每当我感到疲惫、沮丧时，看到她可爱的小脸，我就能燃起直面困难的勇气，你永远是爸爸的光。

感谢那个坚持成长、执着一如往昔的自己！

感谢人民邮电出版社的吴晋瑜编辑，感谢她的辛勤付出！

最后，请允许我向所有努力让生活变得更美好的技术同行致敬！我辈努力前行，用技术让世界变得更美好！

因笔者水平有限，书中难免会有不足之处，敬请广大读者指正。

庞孟臣（网名：拿我格子衫来）

于深圳

资源与支持

本书由异步社区出品，社区（https://www.epubit.com）为你提供相关资源和后续服务。

勘误

作者和编辑尽最大努力来确保书中内容的准确性，但难免会存在疏漏。欢迎你将发现的问题反馈给我们，帮助我们提升图书的质量。

当你发现错误时，请登录异步社区，按书名搜索，进入本书页面，单击“发表勘误”，输入勘误信息，单击“提交勘误”按钮即可。本书的作者和编辑会对你提交的勘误进行审核，确认并接受后，将赠予你异步社区的100积分。积分可用于在异步社区兑换优惠券、样书或奖品。

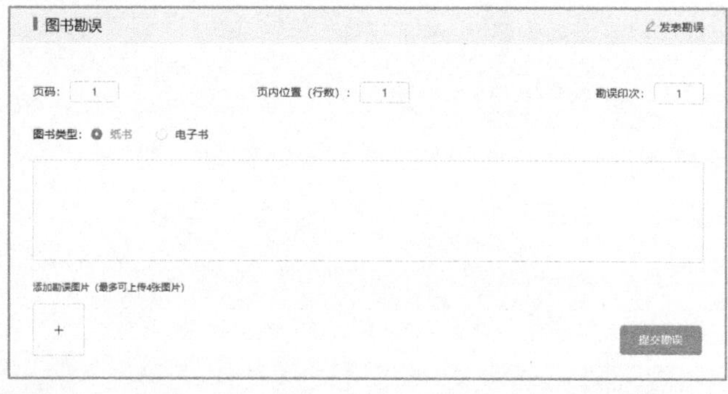

扫码关注本书

扫描下方二维码，你将会在异步社区微信服务号中看到本书信息及相关的服务提示。

与我们联系

我们的联系邮箱是 contact@epubit.com.cn。

如果你对本书有任何疑问或建议，请你发邮件给我们，并请在邮件标题中注明本书书名，以便我们更高效地做出反馈。

如果你有兴趣出版图书、录制教学视频，或者参与图书翻译、技术审校等工作，可以发邮件给我们；有意出版图书的作者也可以到异步社区在线投稿（直接访问 www.epubit.com/contribute 即可）。

如果你来自学校、培训机构或企业，想批量购买本书或异步社区出版的其他图书，也可以发邮件给我们。

如果你在网上发现有针对异步社区出品图书的各种形式的盗版行为，包括对图书全部或部分内容的非授权传播，请你将怀疑有侵权行为的链接发邮件给我们。你的这一举动是对作者权益的保护，也是我们持续为你提供有价值的内容的动力之源。

关于异步社区和异步图书

“异步社区”是人民邮电出版社旗下 IT 专业图书社区，致力于出版精品 IT 技术图书和相关学习产品，为作译者提供优质出版服务。异步社区创办于 2015 年 8 月，提供大量精品 IT 技术图书和电子书，以及高品质技术文章和视频课程。更多详情请访问异步社区官网 https://www.epubit.com。

“异步图书”是由异步社区编辑团队策划出版的精品 IT 专业图书的品牌，依托于人民邮电出版社近 40 年的计算机图书出版积累和专业编辑团队，相关图书在封面上印有异步图书的 LOGO。异步图书的出版领域包括软件开发、大数据、人工智能、测试、前端、网络技术等。

异步社区

微信服务号

目录

第1章 认识 GitLab CI/CD

时至今日，软件开发者应重新看待软件开发这一复杂的活动。微服务、网关、容器编排、链路追踪、服务网格等，让项目的功能变得更加完善、全面，也让项目变得更加复杂，更加难以集成和部署。日益复杂的系统架构给软件的集成与部署提出了新的挑战，从而迫使开发者通过引入更为先进的 DevOps 流程来优化集成部署流程，以此来提高生产力，降低开发集成的风险。在这种情况下，GitLab CI/CD 应运而生，用于集中解决项目集成、项目部署的难题。

在本章中，我们将介绍 CI/CD 的含义、GitLab CI/CD 的特性，以及 GitLab CI/CD 的一些基本概念，以帮助读者为后续学习 GitLab CI/CD 理论知识并将其运用于实践夯实基础。

1.1　CI/CD 的含义

在学习 GitLab CI/CD 之前，我们需要先了解一下什么是 CI/CD。

CI 是 Continuous Integration 的缩写，意为持续集成。联系到具体的开发运维场景，就是指开发者在完成项目中的一个小特性后，将自己分支的代码合并到测试分支，这个过程就是集成，在这一集成过程中会运行一系列代码格式的检查、单元测试等严格保证项目质量的检查作业。每一次提交，都需要经过严格的自动化测试，代码才能被合并，这样可以极大降低集成的风险，保证项目的稳定。CI 可以帮助开发人员更加频繁地（有时甚至每天）将代码更改合并到共享分支或“主干”中。一旦开发人员对应用所做的更改被合并，系统就会通过自动构建应用并运行不同级别的自动化测试（通常是单元测试和集成测试）来验证这些更改，确保这些更改没有对应用造成破坏。

CD 有两种含义，这两种含义对应的过程都是在 CI 阶段完成后进行的。第一种含义，CD 是指持续交付（Continuous Delivery）。完成 CI 中的所有作业后，持续交付可自动将已验证的代码发布到存储库。持续交付的目标是拥有可随时部署到生产环境的 artifacts 或者镜像，这一过程一般是手动实现的。第二种含义，CD 是指持续部署（Continuous Deployment）。鉴于部署环境和部署方式的差异以及各种应用之间的耦合，部署这一项任务不再是用简单的几行命令能搞定的了。注意，持续交付是手动实现的，而持续部署是自动实现的，这就是两者最大的区别。持续部署意味着只要提交了代码，就可以实现自动将代码部署到开发环境、测试环境甚至生产环境。这无疑是非常方便、快捷的。

1.2　GitLab CI/CD 简介

在 1.1 节中，我们介绍了 CI/CD 的含义以及它在开发运维过程中的重要作用。接下来，我们来聊聊本书的“主角”——GitLab CI/CD。

GitLab CI/CD 最初是 GitLab 于 2015 年 6 月发布的一个特性，它支持在项目中编写一个.gitlab-ci.yml 文件来定义一组自动化作业，这些自动化作业组成一条自动化流水线；2016 年，GitLab 又推出自研的 GitLab Runner 软件包，以此作为流水线的运行环境。时至今日，.gitlab-ci.yml 文件与 GitLab Runner 仍然是 GitLab CI/CD 的两大基本概念。

GitLab CI/CD 是一个与 GitLab 紧密协作的工具。众所周知，GitLab 是一个开源的代码管理平台，也是目前全球最受软件开发公司欢迎的代码管理平台之一，而 CI/CD 与代码管理在软件生命周期中是密不可分的两个部分，就像茶杯和茶盖一样。试想一下，当开发者合并了代码之后，GitLab CI/CD 会自动运行测试用例，构建、部署环境，并且开发者能在 GitLab 中看到整个流程的所有信息，包括日志、流程和 artifacts，不需要登录 GitLab 之外的任何平台。它就像一个超级市场，提供一站式服务，囊括了 CI/CD 过程中的所有信息。

GitLab CI/CD 还有很多优秀的特性，例如自动取消流水线、部署环境、管理多种变量，可以让你的流水线在任何主流系统平台运行；多种复杂流水线可并行运行，如父子流水线、跨项目流水线；具有安全部署、部署冻结、实时日志、流水线调试、可定制的流水线编辑器、实时校验等特性。这些特性在本书后面的章节中都会有所涉及。使用这些特性会让项目集成部署流程更加安全、稳定、可靠。

总的来说，GitLab CI/CD 有以下几个特性。

- 良好的用户体验。
- 部署覆盖场景广。
- 运行足够快。
- 多平台支持。
- 开源。
- 简单，可快速上手。

1.3 GitLab CI/CD 的几个基本概念

我们说了 GitLab CI/CD 那么多的优点，那么它到底是由哪几部分组成的？有哪些基本概念？搭建它又需要哪些知识？

在本节中，我们先来整体介绍一下 GitLab CI/CD 的几个概念、它由哪几部分构成，以及各个组件是如何相互搭配工作的。

GitLab CI/CD 由以下两部分构成。

（1）**运行流水线的环境**。它是由 GitLab Runner 提供的，这是一个由 GitLab 开发的开源软件包，要搭建 GitLab CI/CD 就必须安装它，因为它是流水线的运行环境。

（2）**定义流水线内容的.gitlab-ci.yml 文件**。这是一个 YAML 文件，它以一种结构化的方式来声明一条流水线——官方提供了很多关键词来覆盖各种业务场景，使你在编写极少 Shell 脚本的情况下也能应对复杂的业务场景。

除此之外，在定义的流水线中，还需要掌握的概念有以下几个。

（1）**流水线（pipeline）**。在 GitLab CI/CD 中，流水线由.gitlab-ci.yml 文件来定义。实际上，它是一系列的自动化作业。这些作业按照一定顺序运行，就形成了一条有序的流水线。触发流水线的时机可以是代码推送、创建 tag、合并请求，以及定时触发等。通常，**由创建 tag 触发的流水线叫作 tag 流水线，由合并请求触发的流水线叫作合并请求流水线。此外，还有定时触发的定时流水线、跨项目流水线以及父子流水线等。**

（2）**阶段（stages）**。阶段在流水线之下，主要用于给作业分组，并规定每个阶段的运行顺序。它可以将几个作业归纳到一个群组里，比如构建阶段群组、测试阶段群组和部署阶段群组。

（3）**作业（job）**。作业在阶段之下，是最基础的执行单元。它是最小化的自动运行任务，比如安装 Node.js 依赖包、运行测试用例。

在 GitLab 的 UI 中，流水线的详情如图 1-1 所示。

可以看到，流水线包含 3 个阶段，分别是 Install、Build 和 Deploy。其中，Install 阶段包含两个作业，即 install_job 和 job_name。

至此，我们介绍了 GitLab CI/CD 的几个基本概念。理解这几个概念，有助于快速地构建基本的 GitLab CI/CD 知识体系。

如果你要使用 GitLab CI/CD，只需要安装一个 GitLab Runner，然后在项目根目录创建一个.gitlab-ci.yml 文件。是不是很简单？你不需要使用复杂的插件来实现自己的需求，也不需要写太多的 Shell 脚本，只需一个可用的 runner 以及七八个关键词，就能将一个项目的流水线运行起来。

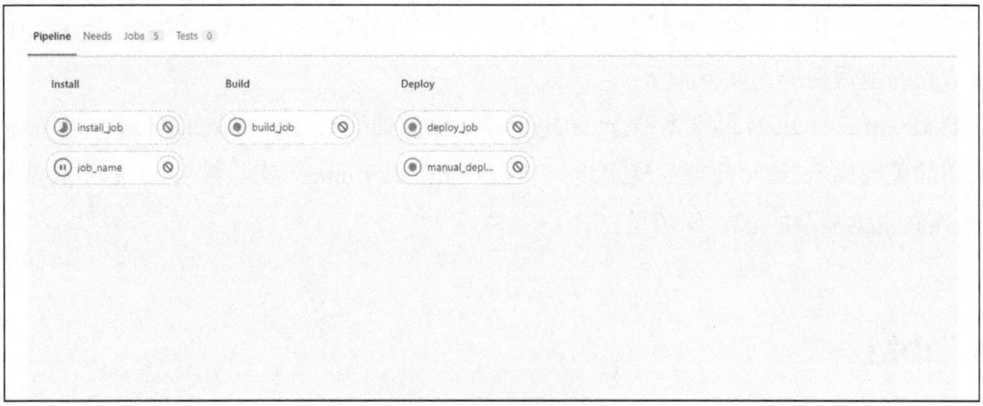

Pipeline Needs Jobs 5 Tests 0

Install	Build	Deploy
install_job	build_job	deploy_job
job_name		manual_depl...

图 1-1 流水线的详情

虽然 GitLab CI/CD 的概念很少，学习曲线也比较平缓，但是相关的中文学习资料和教程并不多，相关的视频教程也很少。有人觉得 GitLab CI/CD 难学，除了上述原因，大概还因为 GitLab CI/CD 有很多配置项、关键词和流水线变量需要理解。除了 GitLab Runner 与.gitlab-ci.yml 这两大概念，还有很多其他概念和配置项。如 GitLab Runner 的安装方式就有不少于 5 种，且每种安装方式又有不同的配置项以及不同的特性。GitLab Runner 安装好之后，并不能被 GitLab 直接调用，还需要开发者为项目或项目组注册一个可用的 runner——它将负责执行流水线的内容，并与 GitLab 通信、上传执行结果与日志。注册 runner 时，开发者需要了解 runner 的执行器——不同的执行器有不同的特性，在执行流水线时可能会有些许差异。开发者除了需要掌握 GitLab Runner 多种多样的安装方式和执行器，还要掌握.gitlab-ci.yml 文件中的很多内容。要编写.gitlab-ci.yml 文件内容，开发者必须使用 GitLab CI/CD 官方网站给出的关键词。目前的版本（GitLab v14.1.0）共有 5 个全局关键词和 31 个作业关键词，想要全部记住它们并不是一件简单的事情。实际上，我们在使用时，并不需要了解所有关键词。之所以设计那么多关键词和配置项，是因为软件项目的业务场景是多种多样的，GitLab CI/CD 必须要考虑到各种业务场景。在学习初期，开发者只需要了解七八个关键词，就足以应对日常的业务开发。我们会在后续章节中详细介绍 GitLab CI/CD 的这些关键词和配置项，还将展示如何快速搭建一个完整的 GitLab CI/CD 的环境以及如何进行一些高阶的流水线操作，以帮助你完成各种复杂的项目集成、解决项目部署难题。

为了帮助你快速、高效地学习 GitLab CI/CD，我们设计了一条较为平缓且力求短期受益最大化的学习路线，如下所示：

熟悉 GitLab CI/CD 的基本概念 → 搭建并配置基础的 GitLab CI/CD 环境 → 熟悉流水线常用的关键词 → 编写简单的流水线 → 熟悉 GitLab Runner 高级配置 → 熟悉高阶关键词 → 实践更为复杂的 CI/CD 场景。

1.4 小结

在本章中，我们介绍了 CI/CD 的含义、GitLab CI/CD 的主要组成部分，以及 GitLab CI/CD 的几个基本概念，为后续的内容做好铺垫。我们还给出了一条学习路线，以便你能快速熟悉、高效学习 GitLab CI/CD 的相关内容。

第 2 章　CI/CD 环境 GitLab Runner

在本章中，我们会详细介绍 GitLab Runner 的各种概念与操作，包括如何安装和注册一个可用的 runner，并解释 GitLab Runner 的常用配置项、对比各种执行器的特点。

2.1　介绍

GitLab Runner 是一个用于运行 GitLab CI/CD 流水线作业的软件包，由 GitLab 官方开发，完全开源。你可以在很多主流的系统环境或平台上安装它，如 Linux、macOS、Windows 和 Kubernetes。在安装时要注意，GitLab Runner 的主版本与 GitLab 的主版本保持一致。本书编写的所有案例都是在 GitLab Runner 14.1.0 上运行的。

如果开发者没有合适的设备来安装 GitLab Runner，但又想体验 GitLab CI/CD，那么可以直接登录 GitLab 的官方网站进行体验——官方提供了很多共享的 runner 供开发者体验使用，但有时间限制。要想畅通无阻地体验全部特性，还是需要自行安装一个 GitLab Runner。

2.2　安装 GitLab Runner

没有 GitLab Runner，GitLab CI/CD 的流水线就无法运行，现在我们就在一台计算机上安装 GitLab Runner。GitLab Runner 的安装方式有很多，而在众多的安装方式中 Docker 安装最为简便。使用 Docker 来安装 GitLab Runner 不仅学习成本小、容易迁移，还可以使用 Docker 镜像。

2.2.1　使用 Docker 安装 GitLab Runner

使用 Docker 安装 GitLab Runner 只需要运行一条命令，如清单 2-1 所示。注意，计算机应已安装了 Docker，并且有访问网络权限。

清单 2-1　Docker 安装 GitLab Runner

```
docker run -d --name gitlab-runner --restart always \
  -v /srv/gitlab-runner/config:/etc/gitlab-runner \
  -v /var/run/docker.sock:/var/run/docker.sock \
  gitlab/gitlab-runner:v14.1.0
```

运行上述代码，会先在本地搜索 Docker 镜像 gitlab/gitlab-runner:v14.1.0，如果本地没有的话，则会从 Docker Hub 拉取。下载完成后，自动安装运行，指定参数--restart always 可以在计算机重启后，GitLab Runner 容器也自动重启。还需要做的是挂载目录-v/srv/gitlab-runner/config:/etc/gitlab-runner，这样做是为了能够让 GitLab Runner 的配置持久化，即便重启或删除容器后也不会丢失已产生的配置数据。注意，冒号前面的目录地址指向设备本地目录，冒号后面的地址是 GitLab Runner 容器内的地址。这样，挂载目录后，容器产生的数据就会持久化在本地，即使容器被销毁，数据依然会存储在本地。

运行成功后，在控制台输入 docker ps，你就可以看到 GitLab Runner 的容器——一个名为 gitlab-runner 的容器正在运行。

至此，我们就完成了 Docker 安装 GitLab Runner 的操作，是不是很简单?

2.2.2 在 Linux 系统上安装 GitLab Runner

GitLab Runner 的安装方式不止一种，除了使用 Docker 安装，你还可以在 Linux、macOS、Windows 上安装，也可以在 Kubernetes 和 OpenShift 上安装。下面我们再来简单介绍一下如何在 Linux 系统上安装 GitLab Runner，这也是一种常见的安装方式。使用 RPM 安装 GitLab Runner 的代码如清单 2-2 所示。

清单 2-2 使用 RPM 安装 GitLab Runner

```
curl -LJO "https://gitlab-runner-downloads.s3.amazonaws.com/v14.1.0/rpm/gitlab-runner_
amd64.rpm"

rpm -i gitlab-runner_amd64.rpm
```

如果设备的系统架构不是 amd64 的，你可以将命令中的 amd64 替换为 arm 或 arm64。更完整的参数及安装包可以查看 https://gitlab-runner-downloads.s3.amazonaws.com/latest/index.html 这个地址。

待上述代码运行完毕，即可完成安装。接下来，让我们看一下如何使用 GitLab Runner。

2.3 注册 runner

在设备上安装了 GitLab Runner 后，让我们看一下如何使用它。要使用 GitLab Runner 运行某个项目的流水线，需要使用 GitLab Runner 为这个项目注册一个 runner。注册 runner 的过程就是将一个 runner 与项目绑定起来。这个 runner 会与 GitLab 建立联系，并在适当的时候进行通信。你可以在一台计算机上注册多个 runner，为多个项目提供服务。

和 Docker 安装 GitLab Runner 一样，为项目注册 runner 也只需要运行一条命令，如清单 2-3 所示。

清单 2-3　为项目注册 runner

```
docker run --rm -v /srv/gitlab-runner/config:/etc/gitlab-runner gitlab/gitlab-runner:v14.1.0
 register \
  --non-interactive \
  --executor "docker" \
  --docker-image alpine:latest \
  --url "{MY_GITLAB_HOST}" \
  --registration-token "{PROJECT_REGISTRATION_TOKEN}" \
  --description "docker-runner" \
  --tag-list "docker,aws" \
  --run-untagged="true" \
  --locked="false" \
  --access-level="not_protected"
```

执行上述代码，会进入名为 gitlab-runner 的容器，执行 register 命令，并携带 executor、docker-image、tag-list 等诸多参数。

下面我们对清单 2-3 中的几个重要参数进行阐释。

- --executor "docker"：这里是指定执行器为 Docker，执行器是流水线真正的执行环境。在 GitLab Runner 中，有很多执行器可用，除了 Docker，还有 Shell、SSH、Kubernetes，每种执行器都有其独有的特征。其中，Docker 执行器是最方便的，可以零配置进行迁移。
- --url "{MY_GITLAB_HOST}"：这个参数用于指定 GitLab 的域名，表明注册的 runner 要与 GitLab 进行关联。每一个注册的 runner 都可以服务一个独立安装的 GitLab。将{MY_GITLAB_HOST} 替换为 GitLab 的域名。
- --registration-token "PROJECT_REGISTRATION_TOKEN"：用于设置注册的 Token，每个项目都有一个独有的 Token——这个可以在项目的设置页面看到，进入某个项目 Settings→CI/CD 展开 runners，就会看到图 2-1 所示的界面。url 与 token 这两个参数都可以从此处取得。
- --tag-list "docker,aws"：指定 runner 的标签，可以填写多个，用逗号分隔，尽量

不要与其他 runner 的标签重复。标签会直接在编写流水线时使用，注册后也可以在 GitLab 中进行修改。

- --non-interactive：添加该参数表示每个注册的 runner 都是独立的，不会相互影响。在 GitLab Runner 的配置文件里，每个注册的 runner 都可以进行单独配置。
- --docker-image alpine:latest：如果选择 Docker 作为执行器，就需要指定一个基础镜像。

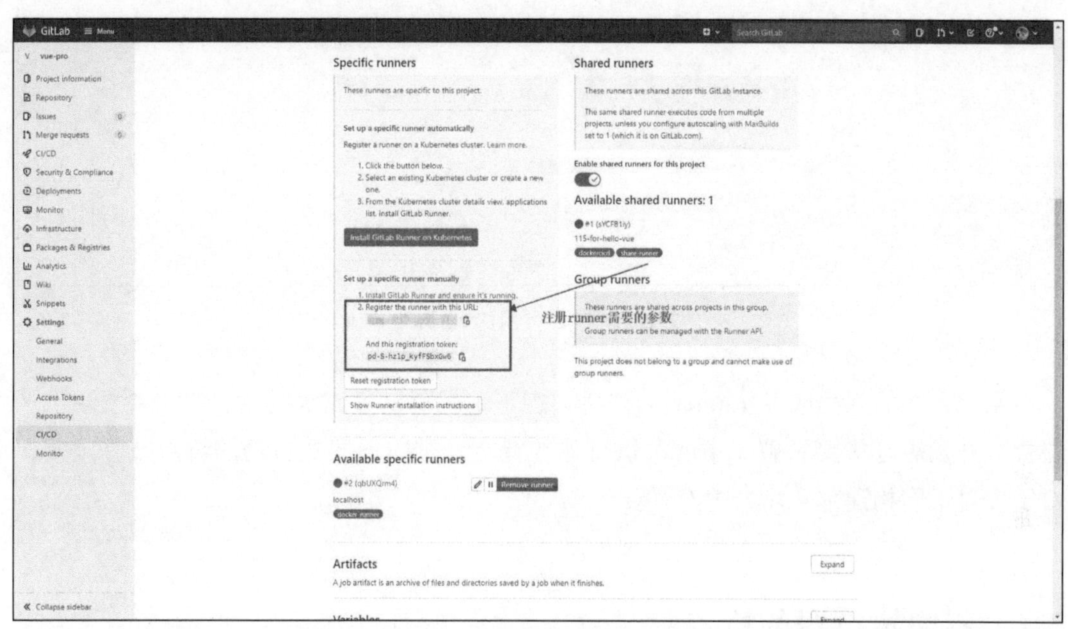

图 2-1　注册 runner 的参数

运行清单 2-3 所示的代码，就可以在 runners 下看到刚刚注册成功的 runner。如果框中的颜色是绿色，则表示正常，可以使用，如图 2-2 所示。如果显示的是其他颜色，则表示不可使用，需要重新注册或修改注册参数。

根据使用范围的不同，runner 可以分为 3 种类型，分别是只用于某一特定项目的特有 runner、可以用于一个群组中所有项目的群组 runner，以及可用于每个项目的共享 runner。

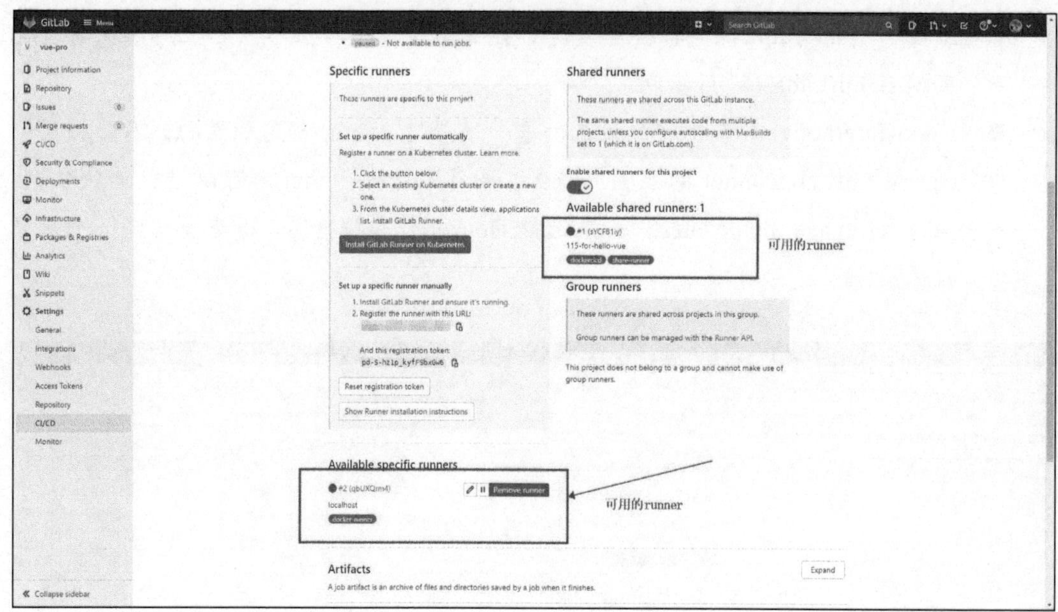

图 2-2　项目可用的 runner

至此，我们就完成了 runner 的注册，接下来就可以写流水线了。但如果要更上一层楼，开发者还需要了解一下各种执行器的特点。掌握不同执行器的特点及其限制，对于应对不同构建部署场景很有必要。

2.4　不同执行器的特点

在 GitLab Runner 中，执行器才是流水线真正的运行环境。GitLab 官方提供了很多执行器，之所以设计如此多的执行器，是为了满足各种各样的 CI/CD 场景，比如有的项目需要在 Windows 下执行，需要用到 Windows PowerShell。官方提供的执行器大致有以下几种。

- Docker。
- Shell。
- Kubernetes。

- SSH。
- VirtualBox。
- Parallels。
- Custom。

每一种执行器都有其独有的特点，在执行流水线时，也会有一些差异。各种执行器特点的对比如表 2-1 所示。

表 2-1　　各种执行器特点的对比（选自 GitLab 官方文档）

执行器	Docker	Shell	Kubernetes	SSH	VirtualBox	Parallels	Custom
每次构建后清空目录	✓	×	✓	×	✓	✓	需满足条件(4)
重复使用之前的下载，如果存在	✓	✓	×	✓	×	×	需满足条件(4)
runner 文件系统权限保护(5)	✓	×	✓	✓	✓	✓	需满足条件
迁移 runner 机器	✓	×	✓	×	部分支持	部分支持	✓
0 配置支持并发构建	✓	×（1）	✓	×	✓	✓	需满足条件(4)
支持复杂构建环境	✓	×（2）	✓	×	✓（3）	✓（3）	✓
调试构建中的问题	一般	容易	一般	容易	困难	困难	一般

（1）在 Shell 执行器上并发构建是可以的，但如果使用了 runner 机器安装的其他服务，则大多数时候会出现问题。

（2）要求手动安装所有的依赖。

（3）例如使用 Vagrant。

（4）取决于你正在配置的环境类型。它可以在每个构建之间完全隔离或共享。

（5）当一个 runner 的文件系统不被保护时，运行的作业将能访问到整个文件系统，包括 runner 的 Token 和其他作业的缓存与代码。标记为✓的执行器，将不允许 runner 访问整个文件系统，但由于某些特殊的配置，运行的作业依然可以跳出容器，访问安装 runner 的宿主机文件系统。

除了表 2-1 给出的执行器特点的对比，各种执行器在执行流水线时的表现也有很多差异。各种执行器在执行流水线时的差异如表 2-2 所示。

表 2-2　　各种执行器在执行流水线时的差异（选自 GitLab 官方文档）

执行器	Docker	Shell	Kubernetes	SSH	VirtualBox	Parallels	Custom
保护变量	✓	✓	✓	✓	✓	✓	✓
GitLab Runner 执行命令行	✓	✓	✓	×	×	×	✓
支持 image 关键词	✓	×	✓	×	✓(2)	✓(2)	✓

续表

执行器	Docker	Shell	Kubernetes	SSH	VirtualBox	Parallels	Custom
支持 services 关键词	✓	×	✓	×	×	×	✓
支持 cache 关键词	✓	✓	✓	✓	✓	✓	✓
支持 artifacts 关键词	✓	✓	✓	✓	✓	✓	✓
跨阶段传递 artifacts	✓	✓	✓	✓	✓	✓	✓
使用 GitLab 容器注册私有镜像	N/A	N/A	N/A	N/A	N/A	N/A	N/A
Web 交互终端	✓	✓(UNIX)	✓(1)	×	×	×	×

（1）交互式 Web 终端目前还不支持使用 Helm chart 安装的 GitLab Runner。

（2）从 GitLab Runner 14.2 起支持。

2.5　配置 runner

如果在使用 runner 的过程中需要对其进行一些特殊的配置，比如修改内存的限制、并发数或者挂载本地目录，这时就需要修改 runner 的配置文件。runner 的所有配置保存在一个名为 config.toml 的文件中。如果你是按照清单 2-1 来安装 GitLab Runner 的，那么可以在本地的/srv/gitlab-runner/config 文件夹下找到 config.toml 文件。

config.toml 文件的内容如清单 2-4 所示。

清单 2-4　runner 配置文件 config.toml

```
concurrent = 1
check_interval = 0

[session_server]
  session_timeout = 1800

[[runners]]
  name = "115-for-hello-vue"
  url = "http://10.2.13.9/"
  token = "39NNqTxq8SfkmRyD9cVc"
  executor = "docker"
```

```
  [runners.custom_build_dir]
  [runners.cache]
    [runners.cache.s3]
    [runners.cache.gcs]
    [runners.cache.azure]
  [runners.docker]
    tls_verify = false
    image = "alpine:latest"
    privileged = false
    disable_entrypoint_overwrite = false
    oom_kill_disable = false
    disable_cache = false
    volumes = ["/cache", "/usr/bin/docker:/usr/bin/docker", "/var/run/docker.sock:/var
/run/docker.sock"]
    shm_size = 0
```

config.toml 完整的文件中有很多配置参数，其中几个重要且常用的参数如下。

- concurrent：限制 runner 能够同时执行多少个作业。
- log_level：定义日志的格式，可选项 debug、info、warn、error、fatal 和 panic。
- check_interval：检查新任务的间隔，以秒为单位，默认为 3。
- listen_address：定义 Prometheus 监控的 HTTP 地址。

在上述代码中，还有一部分是有关[session_server]的。这部分代码是用于配置调试流水线的，配置一个 session 地址，你可以在流水线的 Web 页面，进入一个交互式的控制台。这对于在线调试非常方便。

其中，有 3 个参数需要注意，如下所示。

- listen_address：session 服务的网络地址。
- advertise_address：gitlab -runner 对外的服务端口，如果没有定义，直接使用 listen_address。
- session_timeout：session 的过期时间。

如果开发者注册了一个使用 Docker 作为执行器的 runner，在 config.toml 文件中就会产生这样的一段配置，如清单 2-5 所示。

清单 2-5　Docker 作为执行器的 runner 配置

```
[[runners]]
  name = "115-for-hello-vue"
  url = "http://120.77.178.9/"
  token = "39NNqTxq8SfkmRyD9cVc"
  executor = "docker"
  [runners.custom_build_dir]
  [runners.cache]
    [runners.cache.s3]
    [runners.cache.gcs]
    [runners.cache.azure]
  [runners.docker]
    tls_verify = false
    image = "alpine:latest"
    privileged = false
    disable_entrypoint_overwrite = false
    oom_kill_disable = false
    disable_cache = false
    volumes = ["/cache"]
    shm_size = 0
```

在 config.toml 文件中，每一块[[runners]]都是一个已经注册的 runner 的配置，其中会有一些默认值，也有一些是用户在注册 runner 时填写的，如 token、url、name、executor，表明了当前的 runner 使用了哪种执行器。

volumes 表明挂载主机哪些目录到容器中，通过该方法可以将流水线中的一些文件存放到主机上。此外，runner 下还有一个参数 limit，可以配置当前的 runner 能同时执行多少个作业。

每一种执行器都有其自己独特的配置项，并且所有的配置项都集中在 config.toml 中。如果你是在类 UNIX 系统上安装的 GitLab Runner，使用 root 用户安装，该配置文件存放在/etc/gitlab-runner/。非 root 用户，一般存放在~/.gitlab-runner/路径下，使用该方式安装后会创建一个 GitLab Runner 的用户 gitlab-runner，流水线的运行也是使用该用户，如果需要在流水线中使用 Docker 的话，需要将用户 gitlab-runner 添加到 docker 用户组中。

2.6 runner 的工作流程

了解 runner 的工作流程对我们排查问题非常有帮助。图 2-3 是 runner 的整个工作流程。

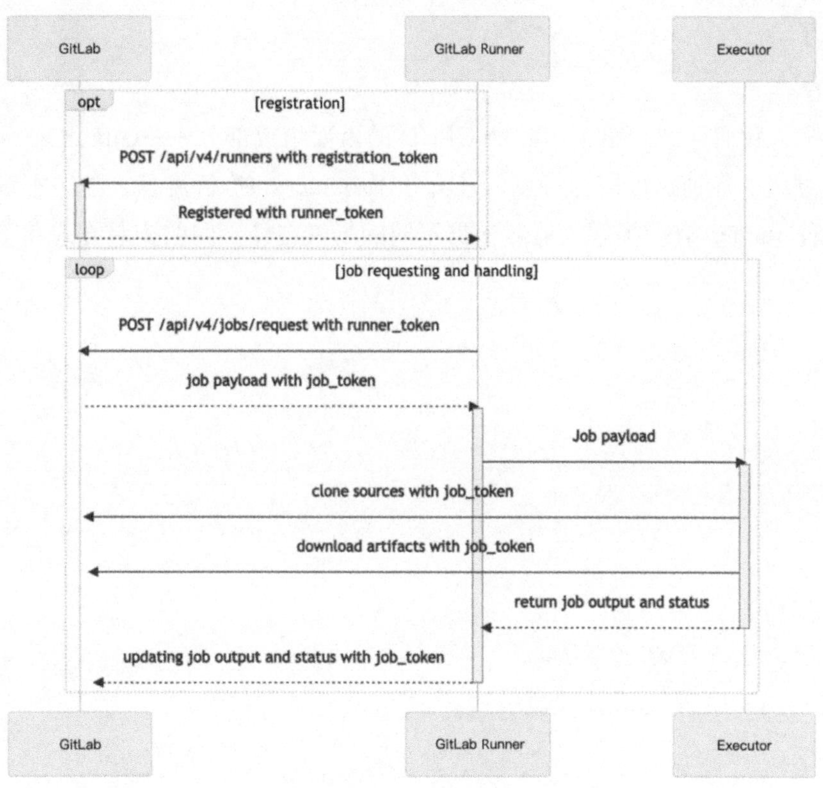

图 2-3　runner 的整个工作流程（摘自 GitLab 官方网站）

该流程描述得很清楚，当用户注册一个 runner 时，是使用 registration_token，向 GitLab 发送一个 POST 请求，然后 GitLab 会返回给 GitLab Runner 注册成功的信息，且 runner 需携带 runner_token 作为后续通信的凭证。

紧接着会进入一个循环，GitLab Runner 会使用 runner_token 向 GitLab 轮询发送请求，检查是否有流水线作业要执行，GitLab 会返回任务的负载以及 job_token，job_token 会向下传递，传递到 runner 的执行器中，然后执行器去下载源码、下载 artifacts、执行作业内容，最后再把作业的状态上报给 GitLab Runner，GitLab Runner 携带 job_token 通知 GitLab 更新作业的状态。

2.7 小结

在本章中，我们详细介绍了 GitLab CI/CD 的重要组成部分——GitLab Runner 的安装、配置，对比了各种执行器的特点，还介绍了 runner 的执行流程。学完本章，开发者应该对各种 runner 有所了解，能够根据不同的场景选择不同的安装方式和不同的执行器。

第 3 章　流水线内容.gitlab-ci.yml

在前面的章节中，我们介绍了如何安装 GitLab Runner，以及如何配置 GitLab Runner 的环境。完成上述操作后，你就有了完整的 GitLab CI/CD 的运行环境，接下来就需要编写流水线来实现具体的 CI/CD 需求，这个阶段你需要了解 .gitlab-ci.yml 这个文件，因为流水线所有的内容都是定义在这个文件中的。下面让我们一起来了解一下.gitlab-ci.yml 文件。

3.1　存放位置

在一个项目里，流水线文件通常是默认放在项目根目录的.gitlab-ci.yml 文件，不过，开发者也可以在 GitLab 中修改这一配置。在项目中打开 Settings→CI/CD，展开 General pipelines 菜单，如图 3-1 所示。

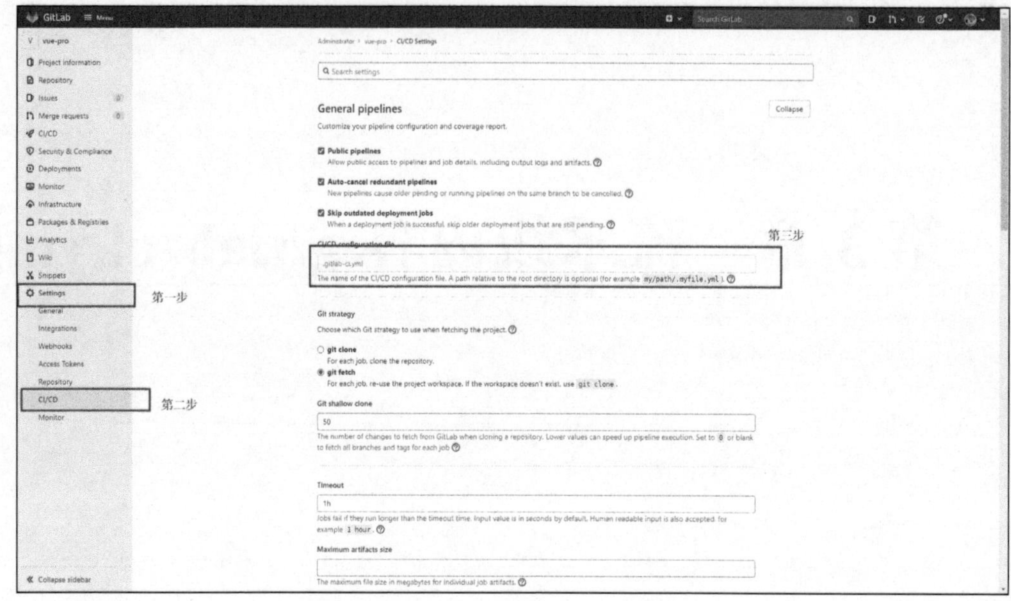

图 3-1　配置流水线文件

要重新指定流水线文件的路径和文件名称，有一点需要保证，即该文件必须是以.yml 为扩展名的文件，否则流水线将无法执行。除了指定项目中的某一个文件作为流水线文件，开发者还可以指定一个公开的文件作为该项目的流水线文件。如果指定了项目中的文件，因为该文件是存放在项目中的，所以也会被纳入版本的管理，每个版本的流水线内容可能不一样。

3.2　新建与编辑

除了可以在本地新建.gitlab-ci.yml 并将之提交、推送到 GitLab，还可以通过 GitLab 的在线编辑器来创建该文件。

在 GitLab 中新建文件，需要打开项目，单击加号按钮，从弹出的菜单中选择 New file 命令，如图 3-2 所示。

选择 New file 命令后，GitLab 会打开新文件编辑器，如图 3-3 所示。开发者可以在该界面中填写文件名、选择文件模板，以及设置提交的分支。

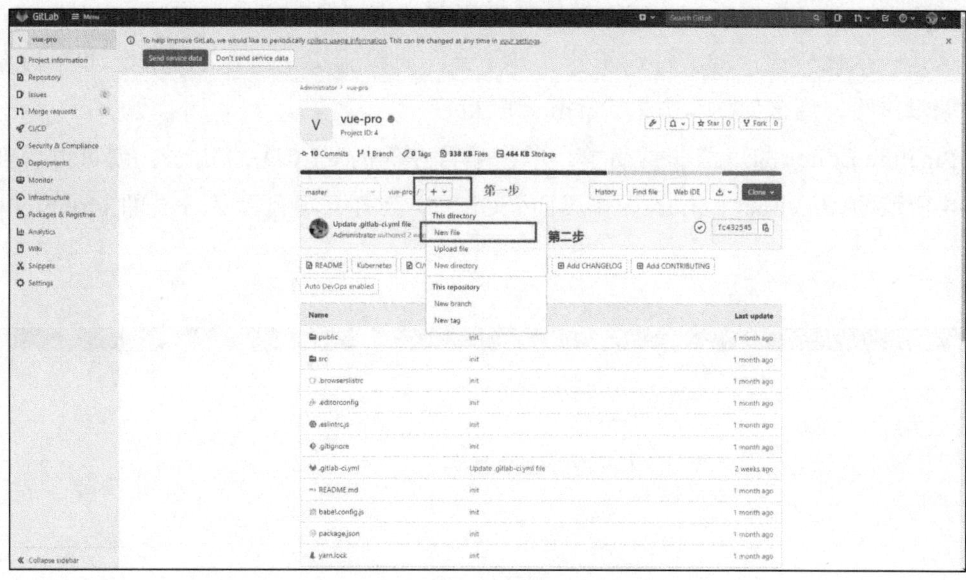

图 3-2 在 GitLab 中新建文件

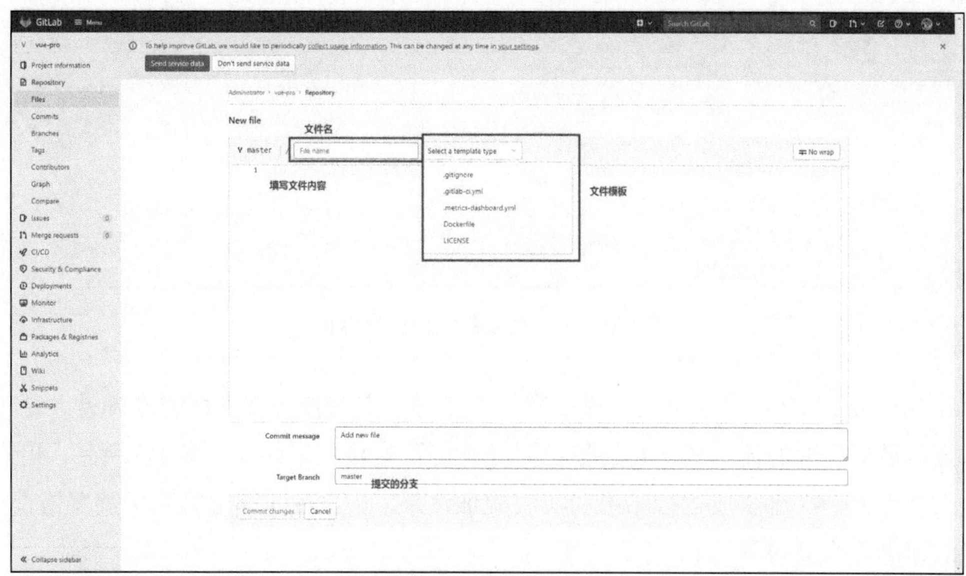

图 3-3 新文件编辑器

要创建流水线文件，需要将文件名设置为.gitlab-ci.yml，并选择.gitlab-ci.yml 作为文件的模板。选择该模板后，内容编辑区域中的文件内容会以高亮显示。

这是一个比较通用的文件编辑器，并不会实时校验文件内容准确性。如果需要更好的编辑体验，应该使用官方的 Pipeline Editor。

Pipeline Editor 的用法非常简单，单击项目左侧的 CI/CD→Editor，就可以看到如图 3-4 所示的 Pipeline Editor 操作界面。GitLab 会打开项目默认分支的.gitlab-ci.yml 文件。

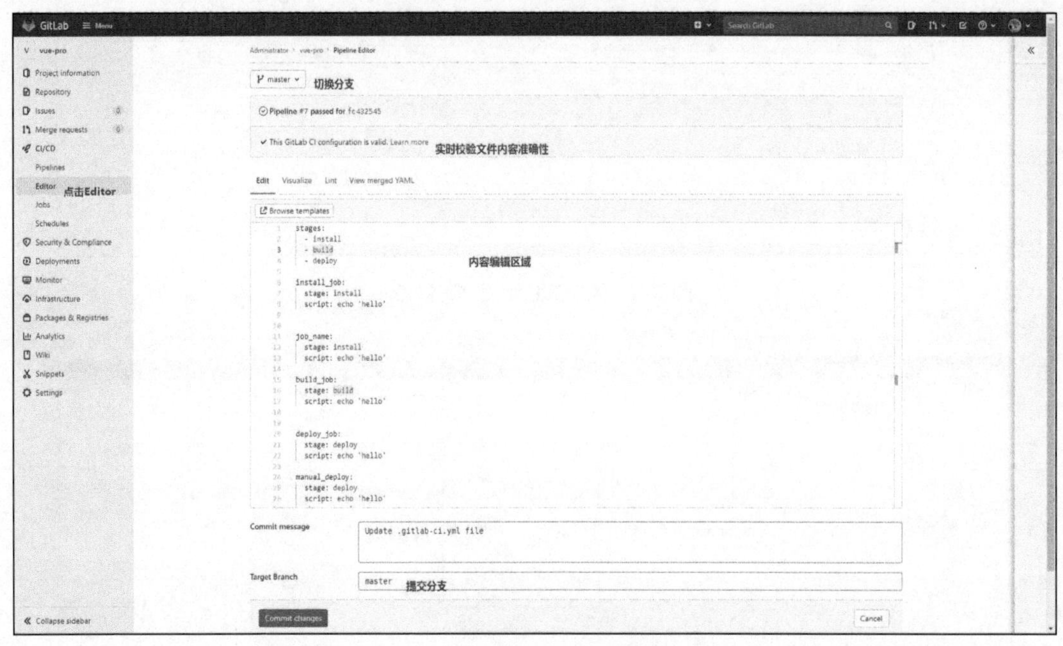

图 3-4　Pipeline Editor 操作界面

在 Pipeline Editor 中编辑流水线内容，不仅可以实时校验文件内容准确性，还可以实时显示最近提交的流水线的运行情况，用户交互体验非常好。如图 3-5 所示，用户可以快速查看上一次流水线运行结果和实时验证结果，以及在内容编辑区域查看错误（以波浪线标出，高亮显示）。

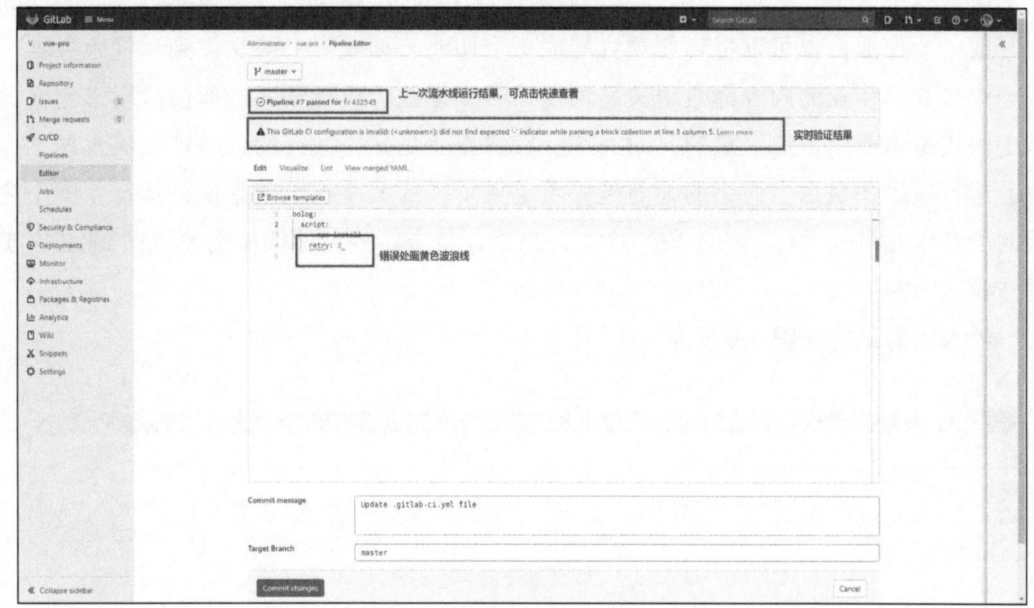

图 3-5 Pipeline Editor 交互体验

3.3 流水线的结构

.gitlab-ci.yml 文件的内容应遵照 YAML 文件的格式来编写，用缩进表示层级，用-表示数组，可以简单表示清单、哈希表等数据结构。这样的格式看起来非常美观且工整。官方推荐使用两个空格来缩进代码。

YAML 文件的基本语法特点如下。

- 大小写敏感。
- 使用缩进表示层级关系。
- 缩进不支持使用 Tab 键，只支持空格键。
- 缩进的空格数不重要，只要相同层级的元素左对齐即可。
- 用 '#' 表示注释。

.gitlab-ci.yml 文件的内容是项目的流水线，其重要组成部分就是一个个的作业。作业是流水线中最小的单元，每个作业都是一个独立的执行单元。开发者可以将安装 npm 包写成一个作业，也可以将构建项目写成一个作业，抑或将上传文件到远程服务器写成一个作业。作业的内容都是用关键词定义的。作业的执行顺序一般由阶段来定义。一个阶段是由一组作业组成的，同一个阶段的作业是并行运行的，通常在流水线中作业的运行顺序不是由上而下的，而是按照定义阶段的顺序，也就是说，运行完一个阶段的所有作业再去运行下一阶段的作业。当然，也有例外，例如使用关键词 need 来实现作业之间的依赖。

流水线的结构如图 3-6 所示。

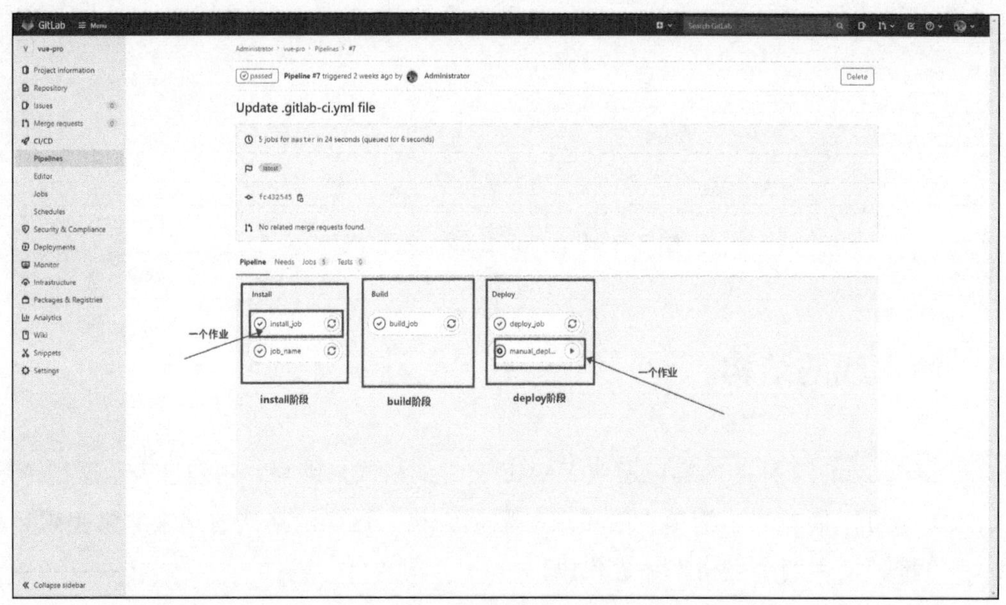

图 3-6　流水线的结构

3.4　简单流水线示例

为了让读者对.gitlab-ci.yml 文件有清晰的认识，我们来看一个简单流水线示例（见清单 3-1）。

清单 3-1 简单流水线示例

```
stages:
  - install
  - build
  - deploy

install_job:
  stage: install
  script: echo 'hello install'

build_job:
  stage: build
  script: echo 'hello build'

deploy_job:
  stage: deploy
  script: echo 'hello deploy'
```

在这个流水线中，我们按照顺序定义了 3 个阶段，即 install、build 和 deploy。这 3 个阶段的作业会按照定义的顺序执行，也就是说，优先执行 install 阶段中的所有作业，然后执行 build 阶段的作业，最后执行 deploy 阶段的作业。

在 GitLab 的流水线可视化中，阶段和作业的展示如图 3-7 所示。

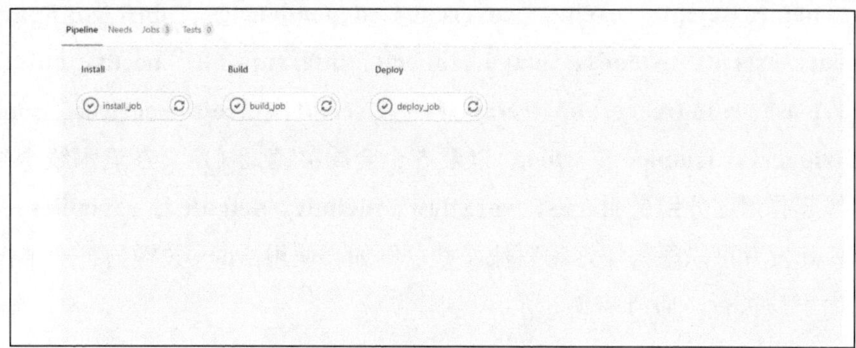

图 3-7 阶段和作业的展示

每一列表示一个阶段，列中的每个单元代表一个作业。install_job、build_job 和 deploy_job 是各个作业的名称。

在清单 3-1 中，我们没有定义流水线执行的时机，那么默认流水线会在推送代码到 GitLab 或者创建一个 tag 时被触发。注意，用来创建 tag 的分支必须包含.gitlab-ci.yml 文件。GitLab Runner 检测到有流水线需要执行，会自动拉取特定版本的代码并按照顺序执行每一个作业。对于清单 3-1 的示例，install 阶段的 install_job 作业会被优先执行，该作业下的 script 内容将被执行，在控制台输出 hello install；随后执行 build 阶段的 build_job 作业；最后执行 deploy 阶段的 deploy_job 作业。开发者可以为每一个作业限定执行时机，例如推送代码时执行，或者合并请求时执行。这些功能的实现都离不开关键词。

3.5　关键词

通过 3.4 节的示例，读者应该了解了流水线的结构，但可能还不明白其中的 stages、stage、script 分别表示什么。其实，它们是 GitLab CI/CD 的关键词，是流水线语法的重要组成部分。GitLab 官方提供了很多像 stages、script 这样的关键词。**在 14.1.0 版本中，共有 35 个关键词（其中 variables 既是全局关键词，也是作业关键词），包括 31 个作业关键词（定义在作业上的，只对当前作业起作用，分别是 after_script、allow_failure、artifacts、before_script、cache、coverage、dependencies、dast_configuration、environment、except、extends、image、inherit、interruptible、needs、only、pages、parallel、release、resource_group、retry、rules、script、secrets、services、stage、tags、timeout、trigger、variables 和 when，以及 5 个全局关键词（定义在流水线全局的，对整个流水线起作用，分别是 stages、workflow、include、default 和 variables）**。使用这些关键词，开发者可以很方便地编写流水线。例如，使用 when 关键词将一个作业从自动执行改为手动执行，如清单 3-2 所示。

清单 3-2　使用 when 关键词

```
build_job:
  script: echo 'hello cicd'
  when: manual
```

又如，想让某个作业在 master 分支被执行，可以使用 only 关键词，如清单 3-3 所示。

清单 3-3 使用 only 关键词

```
deploy_job:
  script: echo 'start deploy'
  only:
    - master
```

这些关键词大大降低了编写流水线的复杂程度，让开发者只需关注流水线的核心逻辑，把条件判断、场景判断等操作都用这些关键词来实现。在后续章节中，我们会详细介绍这些关键词——这也是本书的核心内容。

3.6 小结

在本章中，我们讲解了用于编写 GitLab CI/CD 流水线的.gitlab-ci.yml 文件，介绍了如何在线创建、修改这个文件，流水线的结构是怎样的，并给出了简单的流水线示例，还简要介绍了 GitLab CI/CD 的 35 个关键词。

第 4 章　初阶关键词

在第 3 章中，我们讲解了.gitlab-ci.yml 文件的结构以及作用，并简要介绍了流水线中的关键词。

在本章中，我们将介绍一些常用的初阶关键词，它们分别是 stages、stage、script、cache、image、tags、variables、when、artifacts、before_script、after_script 和 only/except。这些关键词是组成流水线的重要内容，掌握其用法，可以让编写流水线变得轻而易举。通常情况下，编写一条简单的流水线并不会使用太多的关键词，常常只需用七八个关键词。

需要说明的是，在 GitLab CI/CD 中，关键词并没有初、中、高之分，这里修饰以“初阶”，只是作者根据日常使用的频率以及关键词的功能对其加以简单划分的。下面我们一起来看这些“初阶”关键词的具体用法及作用。

4.1 stages

stages 是一个全局的关键词，它的值是一个数组，用于说明当前流水线包含哪些阶段，一般在.gitlab-ci.yml 文件的顶部定义。如果没有定义该属性，则使用默认值。stages 有 5 个默认值，如下所示。

- .pre。
- build。
- test。
- deploy。
- .post。

注意，.pre 与.post 不能单独在作业中使用，必须要有其他阶段的作业才能使用。

如果官方提供的 stages 不满足业务需要，开发者可以自定义 stages 的值，如清单 4-1 所示。

清单 4-1　自定义 stages 的值

```
stages:
  - pre-compliance
  - build
  - test
  - pre-deploy-compliance
  - deploy
  - post-compliance
```

在清单 4-1 中，我们定义了 6 个阶段（stages）。如前所述，通常，作业的执行顺序是根据定义阶段顺序来确定的。在上述示例中，流水线会先执行 pre-compliance 阶段的作业，直到该阶段的所有作业顺利完成后，才会执行 build 阶段的作业，以此类推。

4.2 stage

stage 关键词是定义在具体作业上的，定义了当前作业的阶段，其配置值必须取自全局关键词 stages。注意，全局关键词是 stages，定义作业的阶段是 stage。如果流水线中没有定义 stages 的值，那么作业的 stage 有以下几个默认值可供使用。

- .pre。
- build。
- test。
- deploy。
- .post。

开发者可以在不定义全局 stages 的情况下直接定义作业的 stage，例如，清单 4-2 中的示例就使用了默认的 stage。

清单 4-2　定义 stage

```
ready_job:
  stage: build
  script: echo '1'

test_code:
  stage: test
  script: echo '1'

test_business:
  stage: test
  script: echo '1'

deploy_job:
  stage: deploy
  script: echo '1'
```

每个 stage 的作业在流水线的 UI 上显示为如图 4-1 所示的样子。

作业的 stage 属性默认值是 test。如果一条流水线既没有定义 stages，其中的作业也没有指定 stage，那么该流水线的所有作业都属于 test 阶段。

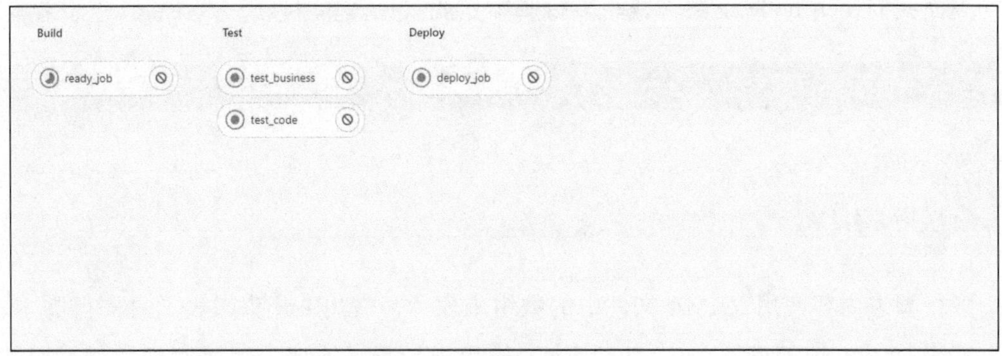

图 4-1 流水线的 UI 示意

4.3 script

script 关键词用于定义当前作业要执行的脚本。通常情况下，每个作业都需要定义 script 的内容（除了使用 trigger 触发的作业）。用 script 定义的内容会在 runner 的执行器中执行。

让我们来看清单 4-3 所示的示例。

清单 4-3 script 单行使用示例

```
npm_inst:
  script: npm install
```

这里定义了一个 npm_inst 的作业，script 关键词定义了一行内容 npm install，这是一个 npm 命令，用于安装 Node.js 依赖包。需要说明的是，在每个作业开始时，runner 会进行一系列的初始化，这些初始化包括将当前的项目代码下载到执行器的工作目录，并进入项目的根目录，同时清空一些不需要的文件。在不同的执行器上，会有一些差异，详见 2.4 节。在执行 npm install 时，其实就是在项目的根目录下执行。如果 GitLab Runner 是直接在宿主机上安装的，而不是使用 Docker，那么在执行 npm install 之前，你需要在宿主机上安装 Node.js。但如果开发者的执行器是 Docker，就需要在这个作业上指定 node 镜像，这样 script 的内容才可以正常执行。

下面我们使用 node 镜像来编写多行脚本作业（见清单 4-4）。

清单 4-4 script 多行脚本

```
npm_inst:
  image: node
  script:
    - npm install
    - npm build
```

多行脚本内容使用 YAML 文件中的数组来表示，使用 - 开头来表示每一行脚本。

如果 script 中的内容有引号，则需要用单引号将整段内容包裹起来，如清单 4-5 所示。

清单 4-5 script 复杂脚本

```
use_curl_job:
  script:
    - 'curl --request POST --header "Content-Type: application/json" "https://gitlab.com
/api/v4/projects"'
```

这里的脚本不仅仅是指 Shell 脚本，只要稍加配置，Windows 命令提示符窗口和 Windows PowerShell 中的命令也是可以执行的，Windows 上安装的.exe 软件也可以被调用。这些特性使项目在跨平台编译时变得更简单。值得一提的是，开发者还可以设置脚本执行时的颜色。

4.4 cache

cache 关键词可以管理流水线中的缓存、上传和下载。这个关键词可以定义在关键词 default 中（对整个流水线起作用），也可以单独配置在具体的作业中。这样配置，就可以将不同作业中共用的文件或者文件夹缓存起来——在后续执行阶段中都会被恢复到工作目录，从而避免在多个作业之间重复下载造成资源浪费。注意要缓存的文件，路径必须是当前工作目录的相对路径。

为什么会用到缓存呢？这是因为流水线中的每个作业都是独立运行的，如果没有缓存，运行上一个作业时安装的项目依赖包，运行下一个作业还需要安装一次。如果将上一个作业安装的依赖包缓存起来，在下一个作业运行时将其恢复到工作目录中，就可以大大减少资源的浪费。缓存用得最多的场景就是缓存项目的依赖包。每一种编程语言都有自己的包管理器，例如，Node.js 应用使用 NPM 来管理依赖包，Java 应用使用 Maven 来管理依赖包，Python 应用使用 pip 来管理依赖包。这些依赖包安装完成后，可能不只为一个作业所使用，项目的构建作业需要使用它们，测试作业也需要使用它们。由于多个作业的执行环境可能不一致，而且在某些执行器中作业被执行完成后会自动清空所有依赖包，在这些情况下，就需要将这些依赖包缓存起来，以便在多个作业之间传递使用。

关键词 cache 的配置项有很多，最重要的是 paths 这个属性，用于指定要缓存的文件路径。配置 cache 的代码如清单 4-6 所示。

清单 4-6　配置 cache

```
npm_init:
  script: npm install
  cache:
    paths:
      - node_modules
      - binaries/*.apk
      - .config
```

可以看到，npm_init 作业执行 npm install，安装了项目所需要的依赖包。在这个作业结束后，执行器会将工作目录中的 node_modules、binaries 目录下所有以.apk 为扩展名的文件以及当前目录下的.config 文件压缩成一个压缩包，缓存起来。

如果项目有多个分支，想要设置多个缓存，这时可以使用全局配置 cache 的 key 来设置，如清单 4-7 所示。

清单 4-7　全局配置 cache 的 key

```
default:
  cache:
    key: "$CI_COMMIT_REF_SLUG"
    paths:
      - binaries/
```

key 的值可以使用字符串，也可以使用变量，其默认值是 default。在清单 4-7 中，

key 的值就是 CI 中的变量、当前的分支或 tag。**在执行流水线的过程中，对于使用相同 key 缓存的作业，执行器会先尝试恢复之前的缓存。**

在一个作业中最多可以定义 4 个 key。清单 4-8 所示的示例，配置了 2 个 key。

清单 4-8 cache 配置多个 key

```
test-job:
  stage: build
  cache:
    - key:
        files:
          - Gemfile.lock
      paths:
        - vendor/ruby
    - key:
        files:
          - yarn.lock
      paths:
        - .yarn-cache/
  script:
    - bundle install --path=vendor
    - yarn install --cache-folder .yarn-cache
    - echo 'install done'
```

开发者还可以将 cache 的 key 指向一个文件列表，这样做之后，只要这些文件内容没有变动，key 就不会变，在执行时就会使用之前的缓存。

如果 runner 的执行器是 Shell，缓存的文件默认是存放在本地，即/home/gitlab-runner/cache/<user>/<project>/<cache-key>/cache.zip；如果执行器是 Docker，本地缓存会被存放在/var/lib/docker/volumes/<volume-id>/_data/<user>/<project>/<cache-key>/cache.zip 目录中。使用 Docker 或使用 rpm 的方式安装的 GitLab Runner 默认使用本地缓存。开发者还可以将缓存放在一些分布式的存储平台，如 AWS S3、MinIO——这需要做一些配置，我们将会在后面讲到。**作业能否使用以前的缓存完全取决于两次缓存的 key 是否一致，如果在一个项目中两条流水线命中了同一个 key 的缓存，那么不管这个缓存是否是在当前流水线中创建的，都可以被使用。**缓存通常不能跨项目，但可以跨流水线。缓存默认的 key 是 default，要获得更好的体验，我们强烈建议开发者在使用缓存时定义 key，当然也可以对不同的分支使用不同的 key。

4.5 image

image 关键词用于指定一个 Docker 镜像作为基础镜像来执行当前的作业，比如开发者要使用 Node.js 来构建前端项目，可以像清单 4-9 这样写。

清单 4-9　配置 node 镜像

```
use_image_job:
  image: node:12.21.0
  script: npm - v
```

如果 runner 的执行器是 Docker，这样指定 image 是没什么问题的。但如果注册的 runner 执行器是 Shell，那么 image 是没有任何作用的，这一点在第 2 章对比执行器时已经展示过了。Shell 执行器需要在宿主机上安装 Node.js 才能运行 NPM 的指令。这是 Docker 执行器与 Shell 执行器的一大区别。

如果当前的作业既需要 Node.js 的镜像，又需要 Golang 的镜像，那么可以采用的处理方法有两种：一种是将其拆分成两个作业，一个作业使用 Node.js 镜像执行对应的脚本，另一个作业使用 Golang 镜像处理对应的内容；另一种是构建一个新的镜像，将 Golang 镜像和 Node.js 的镜像包括在其中，使之包含所需要的 Golang 环境和 Node.js 环境。开发者甚至可以将流水线中所有用到的镜像构建到一个镜像中，虽然镜像会比较大，但是很方便。此外，image 关键词也支持使用私有仓库的镜像。

4.6 tags

tags 关键词用于指定使用哪个 runner 来执行当前作业。开发者可以为一条流水线指定一个 runner，也可以针对某一个作业指定一个 runner。在为项目注册 runner 时，开发者需要填写 runner 的 tags——这是一个用逗号分隔的字符串数组，用于表明一个 runner 可以有多个标签。项目所有可用的 runner 包含在项目的 runner 菜单中，每个

runner 至少有一个标签。

如图 4-2 所示，该项目有两个可用 runner，右侧的是共享 runner，该 runner 有两个标签，分别是 dockercicd 和 share-runner。左侧的是项目私有的 runner，有一个标签 docker-runner。

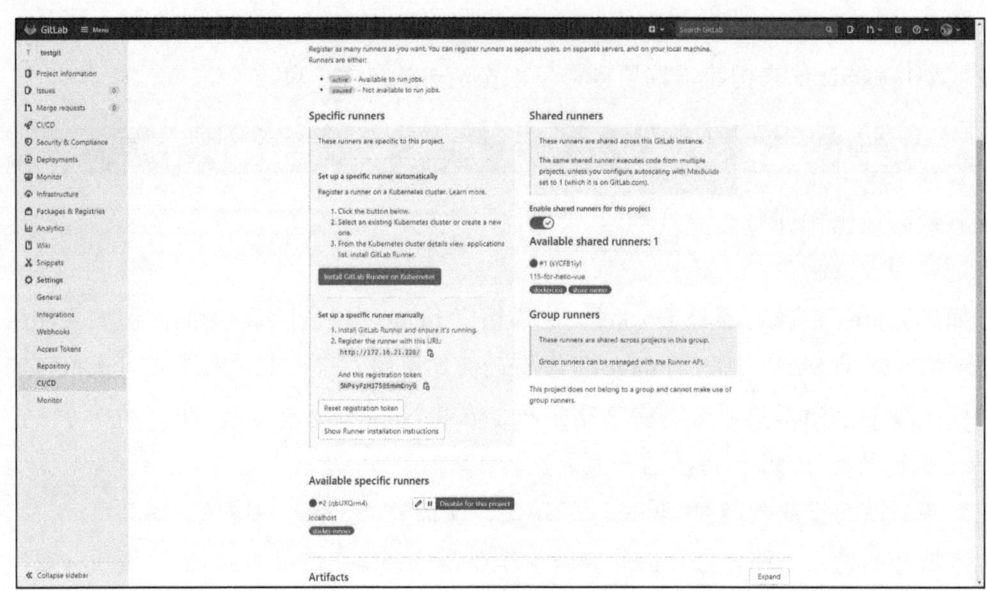

图 4-2 项目可用的 runner

如果开发者想要流水线使用左侧的 runner 来执行，那么可以在作业中像清单 4-10 这样配置 tags。

清单 4-10 配置 tags，指定特定的 runner

```
tags_example:
  tags:
    - docker-runner
  script: echo 'hello fizz'
```

在上述示例中，指定作业的 tags 为 docker-runner，这样作业就能找到对应的 runner 来执行了。如果指定的 tags 能找到多个 runner，那么流水线中的作业会在多个 runner 之间进行调度。一般来讲，除非必要，建议使用同一个 runner 执行整条流水线，这样可以保持一致性和可靠性。

如果编写的作业没有指定 tags，那么在执行时，系统会去寻找那些可用的、公共的 runner 去执行（如果项目开启了允许使用共享 runner 执行）。有些项目的流水线也可以在不指定 tags 的情况下执行。

4.7 variables

在开发流水线的过程中，开发者可以使用 variables 关键词来定义一些变量。这些变量默认会被当作环境变量，变量的引入让流水线的编写更具灵活性、更具扩展性，可满足各种复杂业务场景的需要。GitLab CI/CD 中的变量的定义与使用方式也是非常丰富的。

4.7.1 在.gitlab-ci.yml 文件中定义变量

在.gitlab-ci.yml 文件中，开发者可以使用 variables 关键词定义变量，如清单 4-11 所示。

清单 4-11 在.gitlab-ci.yml 中定义变量

```
variables:
  - USER_NAME: "fizz"

print_var:
  script: echo $USER_NAME
```

变量名的推荐写法是使用大写字母，使用下画线_来分隔多个单词。在使用时，可以直接使用变量名，也可以使用$变量名，或使用${变量名}。为了与正常字符串区分开来，我们推荐使用后一种方式。如果将变量定义在全局范围，则该变量对于任何一个作业都可用；如果将变量定义在某个作业，那么该变量只能在当前作业可用；如果局部变量与全局变量同名，则局部变量会覆盖全局变量。

我们来看清单 4-12 中的示例。在作业 test 中，全局变量 USER_NAME 的值 fizz 会被局部变量 USER_NAME 的值 ZK 所覆盖，因此最终输出的结果是 hello ZK。

清单 4-12　全局变量与作业局部变量

```
variables:
  USER_NAME: 'fizz'

test:
  variables:
    USER_NAME: 'ZK'
  script: echo 'hello' $USER_NAME
```

注意：如果在某一个作业的 script 中修改了一个全局变量的值，那么新值只在当前的脚本中有效。对于其他作业，全局变量依然是当初定义的值。

4.7.2　在 CI/CD 设置中定义变量

除了在.gitlab-ci.yml 中显式地定义变量，开发者还可以在项目的 CI/CD 中设置一些自定义变量，如图 4-3 所示。

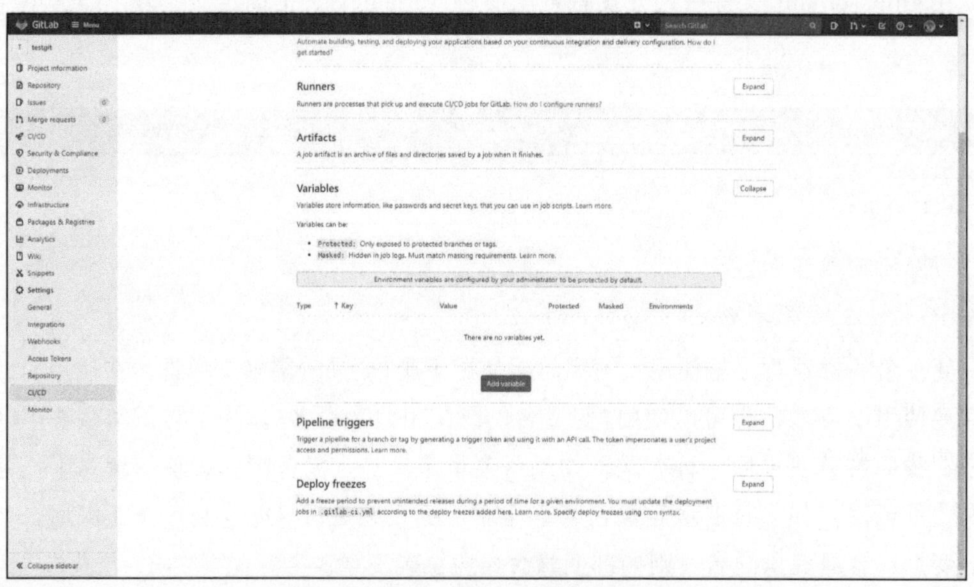

图 4-3　在 CI/CD 中设置自定义变量

在这里，开发者可以定义一些比较私密的变量，例如登录 DockerHub 的账号、密码，或者登录服务器的账号、密码或私钥。

单击 Add variable 按钮，就会看到图 4-4 所示的对话框——开发者可以在此填写自定义变量。

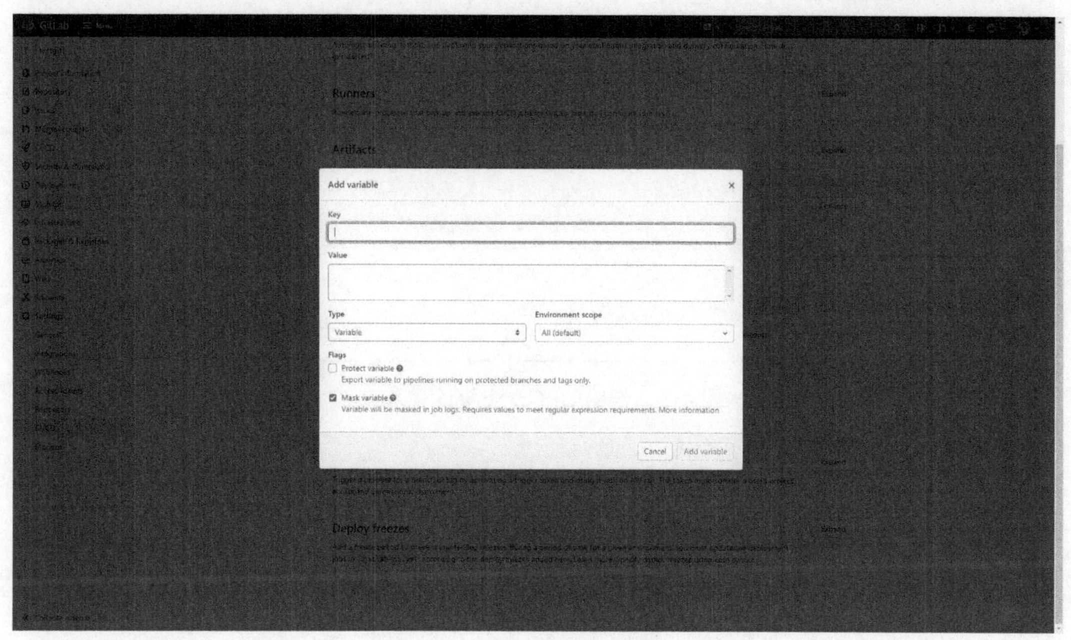

图 4-4　填写自定义变量

将隐秘的信息变量定义在这里，然后勾选 Mask variable 复选框，这样在流水线的日志中，该变量将不会被显式地输出（但对变量值有一定格式要求）。这可以使流水线更安全，不会直接在代码中暴露隐秘信息。开发者还可以将一些变量设置为只能在保护分支使用。

如果有些变量需要在一个群组的项目中使用，可以设置群组 CI/CD 变量。群组 CI/CD 变量设置入口如图 4-5 所示。

注意，开发者也可以在群组的范围下注册 runner。注册的 runner 对于在群组中的每一个项目都可使用。

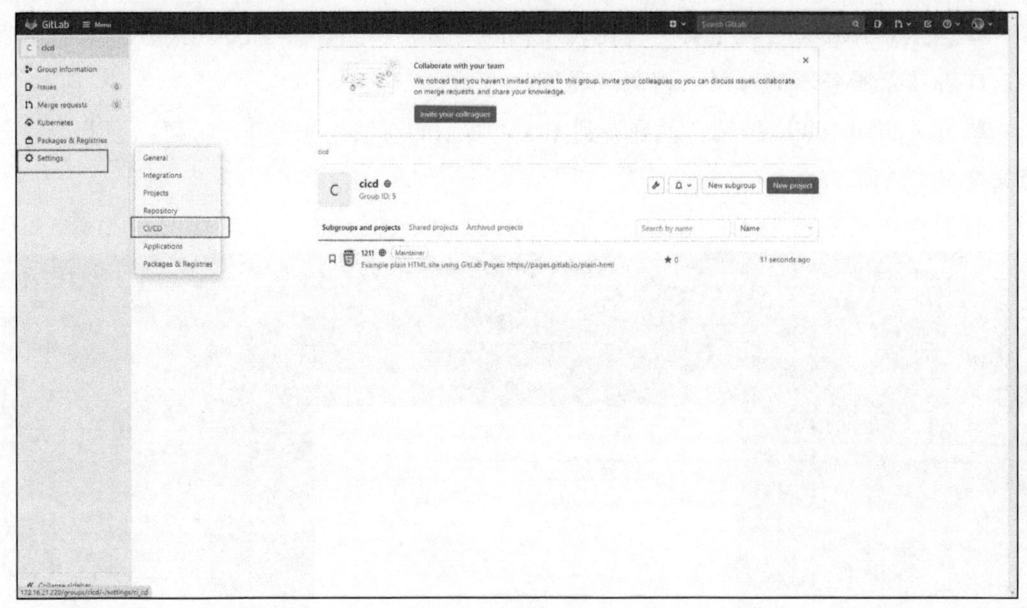

图 4-5　群组 CI/CD 变量设置入口

除了预设一些自定义变量，开发者还可以在手动执行流水线时，定义流水线需要的变量，这样做有可能会覆盖定义的其他变量。

如果想查看当前流水线所有的变量，可以在 script 中执行 export 指令。

4.7.3　预设变量

除了用户自定义变量，在 GitLab CI/CD 中也有很多预设变量，用于描述当前操作人、当前分支、项目名称、当前触发流水线的方式等。使用这些预设变量可以大幅度降低开发流水线的难度，将业务场景分割得更加精确。

一些常见的预设变量如下所示。

- CI_COMMIT_BRANCH：提交分支的名称。
- GITLAB_USER_NAME：触发当前作业的 GitLab 用户名。
- CI_COMMIT_REF_NAME：正在构建项目的分支或 tag 名。
- CI_COMMIT_SHA：提交的修订号。

- CI_COMMIT_SHORT_SHA：提交的 8 位数修订号。
- CI_COMMIT_TAG：提交的 tag 名称，只在 tag 流水线中可见。
- CI_JOB_NAME：作业的名称。
- CI_PROJECT_NAME：项目的名称。

我们在本书最后给出了这些预设变量，详见附录 1。

4.8 when

when 关键词提供了一种监听作业状态的功能，只能定义在具体作业上。如果作业失败或者成功，则可以去执行一些额外的逻辑。例如当流水线失败时，发送邮件通知运维人员。

when 的选项如下所示。

- on_success：此为默认值，如果一个作业使用 when: on_success，那么在此之前的阶段的其他作业都成功执行后，才会触发当前的作业。
- on_failure：如果一个作业使用 when:on_failure，当在此之前的阶段中有作业失败或者流水线被标记为失败后，才会触发该作业。
- always：不管之前的作业的状态如何，都会执行该作业。
- manual：当用 when:manual 修饰一个作业时，该作业只能被手动执行。
- delayed：当某个作业设置了 when:delayed 时，当前作业将被延迟执行，而延迟多久可以用 start_in 来定义，如定义为 5 seconds、30 minutes、1 day、1 week 等。
- never：流水线不被执行或者使用 rule 关键词限定的不被执行的作业。

清单 4-13 显示了一个需要手动执行的作业。

清单 4-13　手动执行的作业

```
manual_job:
  script: echo 'I think therefore I am'
  when: manual
```

如果开发者想要监听当前流水线的失败状态，并在流水线失败时执行作业，可以将清单 4-14 所示的这个作业放到最后的阶段来执行。

清单 4-14 流水线失败时执行作业

```
fail_job:
  script: echo 'Everything is going to be alright,Maybe not today but eventually'
  when: on_failure
```

注意：该作业必须放到最后一个阶段来执行，只有这样，才能监听到之前所有阶段的作业失败状态。如果之前的作业没有失败，该作业将不会被执行；如果之前的作业有一个失败，该作业就会被执行。

4.9 artifacts

在执行流水线的过程，开发者可能需要将一些构建出的文件保存起来，比如一些 JAR 包、测试报告，这时就可以使用 artifacts 关键词来实现。开发者可以使用 artifacts 关键词配置多个目录或文件列表，作业一旦完成，这些文件或文件夹会被上传到 GitLab——这些文件会在下一个阶段的作业中被自动恢复到工作目录，以便复用。通过这种方式，开发者可以很好地持久化测试报告和其他文件，也可以在 GitLab 上自由查看和下载这些文件。

通过 artifacts 的配置项，开发者可以很容易地设置其大小和有效期，也可以使用通配符来选择特定格式的文件。清单 4-15 给出了一个将文件目录保存到 artifacts 下的简单示例。

清单 4-15 将文件目录保存到 artifacts 下

```
artifacts_test_job:
  script: npm run build
  artifacts:
    paths:
      - /dist
```

上面的作业，会在执行完 npm run build 后，将/dist 目录作为 artifacts 上传到 GitLab 上。在 14.x 的版本中，开发者可以直接在 GitLab 在线查看 artifacts 的内容而不用下载。

清单 4-16 给出了一个 artifacts 的复杂配置示例。

清单 4-16 artifacts 的复杂配置

```
upload:
  script: npm run build
  artifacts:
    paths:
      - /dist
      - *.jar
    exclude:
      - binaries/**/*.o
    expire_in: 1 week
    name: "$CI_JOB_NAME"
```

在上述示例中，我们定义了一个 upload 作业，在作业完成后，它会将/dist 和当前目录下所有以.jar 为扩展名的文件存储起来，并将 binaries 目录下的所有以.o 为扩展名的文件排除掉。文件的有效期是 1 周，artifacts 名称使用当前的作业名称来命名。

在本节中，我们只展示 artifacts 几个常用配置项的用法，如下所示。

- exclude：用于排除一些文件或文件夹。
- expire_in：artifacts 的有效期，写法如下。
  - 42 seconds。
  - 3 mins 4 sec。
  - 2 hrs 20 min。
  - 2h20min。
  - 6 mos 1 day。
  - 47 yrs 6 mos and 4d。
  - 3 weeks and 2 days。
  - never。
- expose_as：使用一个字符串来定义 artifacts 在 GitLab UI 上显示的名称。
- name：定义 artifacts 的名称。
- paths：定义 artifacts 存储的文件或文件夹，以便将其传入一个文件列表或文件夹列表。
- public：表明 artifacts 是否是公开的。

有些开发者不知道何时该用 cache、何时该用 artifacts。需要明确的是，cache 大多数用于项目的依赖包；artifacts 常用于作业输出的一些文件、文件夹，比如构建出的 dist 目录、JAR 包、测试报告。此外，cache 可以被手动被清空，而 artifacts 是会过期的。

4.10 before_script

before_script 关键词与 script 关键词类似，都用于定义作业需要执行的脚本、命令行。不同之处在于 before_script 必须是一个数组。更重要的是，before_script 的内容执行的时机是执行 script 内容之前、artifacts 被恢复之后。开发者也可以在 default 关键字中定义全局的 before_script，定义后其将在每个作业中执行。

4.11 after_script

after_script 关键词用于定义一组在作业执行结束后执行的脚本。与 before_script 的不同之处在于它的执行时机以及执行环境——after_script 是在单独的 Shell 环境中执行的，对于在 before_script 或者 script 中定义或修改的变量，它是无权访问的。after_script 还有一些其他特殊之处：如果当前作业失败，它也会被执行；如果作业被取消或者超时，它将不会被执行。

4.12 only 与 except

only 与 except 这两个关键词用于控制当前作业是否被执行，或当前作业的执行时机。only 是只有当条件满足时才会执行该作业；except 是排除定义的条件，在其他情况下该作业都会被执行。如果一个作业没有被 only、except 或者 rules 修饰，那么该作业的将默认被 only 修饰，值为 tags 或 branchs。最常用的语法就是，控制某个作业只有在修改某个分支时才被执行。如清单 4-17 所示，只有修改了 test 分支的代码，该作业才会被执行。

清单 4-17 only 使用示例

```
only_example:
  script: deploy test
  only:
    - test
```

only 与 except 下可以配置 4 种值，如下所示。

- refs。
- variables。
- changes。
- Kubernetes。

4.12.1 only:refs/except:refs

如果 only/except 关键词下配置的是 refs，表明作业只有在某个分支或某个流水线类型下才会被添加到流水线中或被排除。清单 4-18 给出了 only:refs 的使用示例。

清单 4-18 only:refs 的使用示例

```
test:
  script: deploy test
  only:
    - test

build:
  script: deploy test
  only:
    refs:
      - test

deploy:
  script: deploy test
  only:
```

```
  refs:
    - tags
    - schedules
```

在上述示例中，虽然 test 作业与 build 作业下 only 的定义方式不一样，但是作用都是一样的，即只有修改了 test 分支的代码后，作业才会被执行。deploy 作业下的 only 是使用 refs 来定义的——使用 tags 与 schedules。这意味着只有项目创建了 tags 或者当前是定时部署该作业才会被执行。像 tags 与 schedules 这样的 refs 修饰词还有很多，如下所示。

- api：使用 pipeline API 触发的流水线。
- branches：当分支的代码被改变时触发的流水线。
- chat：使用 GitLab ChatOps 命令触发的流水线
- merge_requests：流水线由创建或更新 merge_request 触发。
- web：使用 GitLab Web 上的 Run pipeline 触发的流水线。

此外，refs 的值也可以配置成正则表达式，如/^issue-.*$/。

4.12.2 only:variables/except:variables

only:variables 与 except:variables 可以根据 CI/CD 中的变量来动态地将作业添加到流水线中。清单 4-19 所示的示例就是使用变量来控制作业的执行。

清单 4-19 在 only 中使用变量

```
test:
  script: deploy test
  only:
    variables:
      - $USER_NAME === "fizz"
```

在上述示例中，只有定义的变量 USER_NAME 等于 fizz 时，该作业才会被执行。开发者可以配置多个 only:variables 的条件判断，只要有一个条件符合，作业就会被执行。

4.12.3 only:changes/except:changes

使用 changes 来修饰关键词 only 适用于某些文件改变后触发作业的情景。例如，只有项目中 Dockerfile 文件改变后，才执行构建 Docker 镜像的作业；又如，一个项目中有多个应用，针对某个文件夹的变动，执行某一个应用的作业。这些针对文件改变执行或不执行的作业都可以使用 only:changes 或 except:changes 来定义。清单 4-20 给出了一个 only:changes 的示例。

清单 4-20 only:changes 的示例

```
test:
  script: deploy test
  only:
    changes:
      - Dockerfile
      - fe/**/*
```

在上述示例中，我们定义了一个 test 作业，该作业只有在修改了 Dockerfile 或者 fe 目录下的文件才会被执行（注：在 tag 流水线或定时流水线中，该作业也会被执行）。

4.12.4 only:kubernetes/except:kubernetes

only:kubernetes 与 except:kubernetes 用于判断项目是否接入了 Kubernetes 服务，进而来控制作业是否被执行。清单 4-21 给出了一个 only:kubernetes 的示例。

清单 4-21 only:kubernetes 的示例

```
deploy:
  script: deploy test
  only:
    kubernetes: active
```

在上面的示例中，只有项目中存在可用的 Kubernetes 服务时，作业才会被执行。

4.13 小结

在本章中，我们详细介绍了 13 个关键词，这些关键词都是非常实用的。要学好 GitLab CI/CD，熟悉掌握每个关键词的作用是必不可少的。阅读完本章后，读者就可以开始项目实践了，在真实的项目中做 CI/CD。如果你迫不及待想去试试，现在就可以去看第 7 章，并尝试使用 GitLab CI/CD 部署前端项目。凡事要以落地为目标，祝你成功！

第 5 章　中阶关键词

在第 4 章中，我们介绍了一些在编写 GitLab CI/CD 流水线时常用的初阶关键词。利用这些关键词，开发者可以完成基本的日常项目流水线，但如果要做得更好，还需要了解一些“更高级”的关键词——我们称之为“中阶关键词”。这些关键词可以让流水线更高效，扩展性更好，代码量也更少。下面我们看 13 个中阶关键词的用法。

5.1　coverage

在 GitLab CI/CD 中，开发者可以使用关键词 coverage 配置一个正则表达式来提取作业日志中输出的代码覆盖率，提取后可以将之展示到代码分支上，如清单 5-1 所示。

清单 5-1　coverage 示例

```
test:
  script: npm test
  coverage: '/Code coverage: \d+\.\d+/'
```

在上述示例中，我们在作业 test 中将 coverage 配置为 '/Code coverage: \d+\.\d+/'。注意，coverage 的值必须以/开头和结尾。如果该作业输出了 Code coverage: 67.89 这种格式的日志，会被 GitLab CI/CD 记录起来。如果有多个日志符合规则，取最后一个记录。

5.2 dependencies

dependencies 关键词可以定义当前作业下载哪些前置作业的 artifacts，或者不下载之前的 artifacts。dependencies 的值只能取自上一阶段的作业名称，可以是一个数组，如果是空数组，则表明不下载任何 artifacts。在 GitLab CI/CD 中，所有 artifacts 在下一阶段都是被默认下载的，如果 artifacts 非常大或者一条流水线有很多 artifacts，则默认下载全部 artifacts 就会很低效。正确的做法是使用 dependencies 来控制，仅下载必要的 artifacts。清单 5-2 给出了一个 dependencies 的示例。

清单 5-2　dependencies 的示例

```
stages:
  - build
  - deploy

build_windows:
  stage: build
  script:
    - echo "start build on windows"
  artifacts:
    paths:
      - binaries/

build_mac:
```

```
  stage: build
  script:
    - echo "start build on mac"
  artifacts:
    paths:
      - binaries/

deploy_mac:
  stage: deploy
  script: echo 'deploy mac'
  dependencies:
    - build_mac

deploy_windows:
  stage: deploy
  script: echo 'deploy windows'
  dependencies:
    - build_windows

release_job:
  stage: deploy
  script: echo 'release version'
  dependencies:[]
```

在上述示例中，deploy_mac 作业只会下载 build_mac 作业的 artifacts，deploy_windows 作业只会下载 build_windows 作业的 artifacts，而 release_job 作业不会下载任何 artifacts。

5.3 allow_failure

allow_failure 关键词用于设置当前作业失败时流水线是否继续运行，也就是说，是否允许当前作业失败。在一般场景下，allow_failure 的默认值为 false，即不允许作业错误，作业错误流水线就会停止往下运行。但如果一个作业是手动触发的，则该作业的 allow_failure 默认为 true。如果一个作业配置了 allow_failure 为 true，并且在运行时出现了错误，那么在该作业的名称后会有一个黄色的感叹号，并且流水线会继续往下运行。一般将 allow_failure 设置为 true 的作业都是非硬性要求的作业。比如在一个临时分支做的代码检查作业，允许代码检查作业失败。清单 5-3 给出了一个 allow_failure 的示例。

清单 5-3　allow_failure 的示例

```
test1:
  stage:test
  script: echo 'start test1'

test2:
  stage:test
  script: echo 'Life is sometimes not to risk more dangerous than adventure'
  allow_failure: true

deploy:
  stage: deploy
  script: echo 'start deploy'
```

在上述示例中，test1 与 test2 同属 test 阶段，会同时执行，并且 test2 中配置了 allow_failure:true。如果 test1 执行失败，流水线就会停止运行，下一阶段中的 deploy 作业将不会执行。如果只是 test2 执行失败，那么流水线会继续运行，作业 deploy 将会执行。

5.4　extends

extends 关键词可用于继承一些配置模板。利用这个关键词，开发者可以重复使用一些作业配置。extends 关键词的值可以是流水线中的一个作业名称，也可以是一组作业名称。清单 5-4 给出了一个 extends 的示例。

清单 5-4　extends 的示例

```
.test:
  script: npm lint
  stage: test
  only:
```

```
    refs:
      - branches

test_job:
  extends: .test
  script: npm test
  only:
    variables:
      - $USER_NAME
```

在上述的示例中，有两个作业，一个是.test，另一个是 test_job。可以看到，在 test_job 中配置了 extends: .test。

在 GitLab CI/CD 中，如果一个作业的名称以“.”开头，则说明该作业是一个隐藏作业，任何时候都不会执行。这也是注释作业的一种方法，上文说的配置模板就是指这类被注释的作业。test_job 继承了作业.test 的配置项，两个作业的配置项会进行一次合并。test_job 中没有而.test 作业中有的，会被追加到 test_job 中。test_job 中已经有的不会被覆盖。

最后，test_job 的作业内容如清单 5-5 所示。

清单 5-5　使用 extends 后的作业

```
test_job:
  stage: test
  script: npm test
  only:
    refs:
      - branches
    variables:
      - $USER_NAME
```

开发者可以将流水线中一组作业的公共部分提取出来，写到一个配置模板中，然后使用 extends 来继承。这样做可以大大降低代码的冗余，提升可读性，并方便后续统一修改。

5.5 default

default 是一个全局关键词，定义在.gitlab-ci.yml 文件中，但不能定义在具体的作业中。default 下面设置的所有值都将自动合并到流水线所有的作业中，这意味着使用 default 可以设置全局的属性。能够使用 default 设置的属性有 after_script、artifacts、before_script、cache、image、interruptible、retry、services、tags 和 timeout。

清单 5-6 所示的例子展示了 default 关键词的用法。

清单 5-6　default 关键词的用法

```
default:
  image: nginx
  before_script:
    - echo 'job start'
  after_script:
    - echo 'job end'
  retry: 1

build:
  script: npm run

test:
  image: node
  before_script:
    - echo 'let us run job'
  script: npm lint
```

可以看到，在 default 下定义了 image、before_script、after_script 和 retry 这 4 个属性。这些属性会被合并到所有作业里。如果一个作业没有定义 image、before_script、after_script 或 retry，则使用 default 下定义的；如果定义了，则使用作业中定义的。default 下定义的属性只有在作业没有定义时才会生效。根据 default 的合并规则，作业 build 和作业 test 合并后的代码如清单 5-7 所示。

清单 5-7 合并后的代码

```
default:
  image: nginx
  before_script:
    - echo 'job start'
  after_script:
    - echo 'job end'
  retry: 1

build:
  image: nginx
  before_script:
    - echo 'job start'
  after_script:
    - echo 'job end'
  retry: 1
  script: npm run

test:
  after_script:
    - echo 'job end'
  retry: 1
  image: node
  before_script:
    - echo 'let us run job'
  script: npm lint
```

如果开发者想要实现在某些作业上不使用 default 定义的属性，但又不想设置一个新的值来覆盖，这时可以使用关键词 inherit 来实现。

5.6 inherit

inherit 关键词可以限制作业是否使用 default 或者 variables 定义的配置。inherit 下有两个配置，即 default 与 variables。我们先来看一下如何使用 inherit:default。

清单 5-8 所示的例子展示了如何在一个作业中使用 inherit: default。

清单 5-8　inherit 的用法 1——inherit: default

```
default:
  retry: 2
  image: nginx
  before_script:
    - echo 'start run'
  after_script:
    - echo 'end run'

test:
  script: echo 'hello'
  inherit:
    default: false

deploy:
  script: echo 'I want you to be happy,but I want to be the reason'
  inherit:
    default:
      - retry
      - image
```

在上述的例子中，我们定义了一个 default，并设置了 4 个全局的配置，即 retry、image、before_script 和 after_script。在 test 作业中，我们设置 inherit 为 default: false，这表明该作业不会合并 default 的属性，也就意味着 default 的 4 个属性都不会设置到 test 作业中。在另一个作业 deploy 中，我们设置 inherit 的 default 的 retry 和 image，这样设置后，作业 deploy 将会合并 default 的 retry 和 image 属性。也就是说，inherit: default 下可以设置 true 或 false，也可以设置一个数组，数组中的值取自 default 的属性。

让我们再来看一下 inherit:variables 的用法。inherit:variables 下可以设置 true 或者 false，也可以设置一个数组，数组的值取自全局定义的 variables。清单 5-9 展示了 inherit:variables 的用法。

清单 5-9　inherit 的用法 2——inherit:variables

```
variables:
  NAME: "This is variable 1"
  AGE: "This is variable 2"
  SEX: "This is variable 3"

test:
  script: echo "该作业不会继承全局变量"
  inherit:
    variables: false

deploy:
  script: echo "该作业将继承全局变量 NAME 和 AGE"
  inherit:
    variables:
      - NAME
      - AGE
```

在上述的例子中，我们定义了 3 个全局变量，并在 test 作业中设置 inherit 为 variables:false，这样设置后，全局变量不会被引入 test 作业中；在 deploy 作业中，将 inherit 设置为 variables: -NAME -AGE，这样设置后，全局变量 NAME 和 AGE 将被引入 deploy 作业中。

5.7　interruptible

interruptible 关键词用于配置旧的流水线能否被新的流水线取消，主要应用于“同一分支有新的流水线已经开始运行时，旧的流水线将被取消”的场景。该关键词既可以定义在具体作业中，也可以定义在全局关键词 default 中。interruptible 关键词的默认值为 false，即旧的流水线不会被取消。

要取消旧的流水线，还需要在 GitLab 上进行项目配置，即单击项目设置下的 CI/CD 子菜单，勾选Auto-cancel redundant pipelines 选项，如图 5-1 所示。

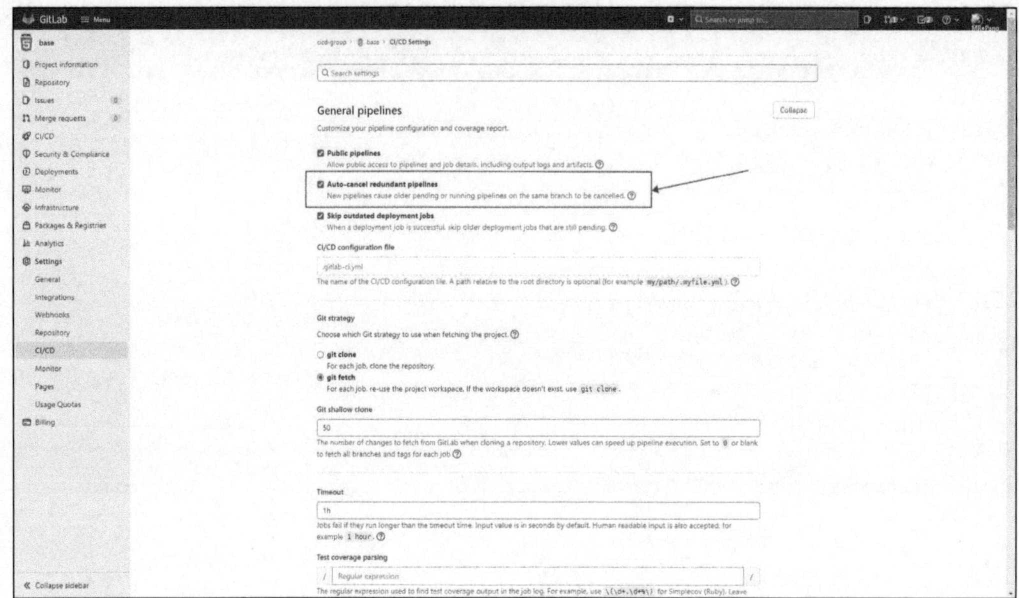

图 5-1　取消旧的流水线

清单 5-10 显示了 interruptible 的用法。

清单 5-10　interruptible 的用法

```
stages:
  - install
  - build
  - deploy

install_job:
  stage: install
  script:
    - echo "Can be canceled."
  interruptible: true

build_job:
  stage: build
  script:
    - echo "Can not be canceled."
```

```
deploy_job:
  stage: deploy
  script:
    - echo "Because build_job can not be canceled, this step can never be canceled, even
though it's set as interruptible."
  interruptible: true
```

在上述例子中，作业 install_job 设置了 interruptible:true。作业 build_job 没有设置 interruptible。作业 deploy_job 设置了 interruptible:true。当作业 install_job 正在运行或者准备阶段，如果此时在同一分支有新的流水线被触发，那么旧的流水线会被取消。但如果旧的流水线已经运行到了 build_job，此时再有新的流水线被触发，则旧的流水线不会被取消。只要运行了一个不能被取消的作业，则该流水线就不会被取消，这就是取消的规则。所以，如果开发者想要达到无论旧的流水线运行到了哪个作业，只要有新流水线被触发，旧的流水线就要被取消这一目的，可以在 default 关键词下设置 interruptible 为 true。

5.8 needs

needs 关键词用于设置作业之间的依赖关系。跳出依据阶段的运行顺序，为作业之间设置依赖关系，可以提高作业的运行效率。通常，流水线中的作业都是按照阶段的顺序来运行的，前一个阶段的所有作业顺利运行完毕，下一阶段的作业才会运行。但如果一个作业使用 needs 设置依赖作业后，只要所依赖的作业运行完成，它就会运行。这样就会大大提高运行效率，减少总的运行时间。

清单 5-11 展示了 needs 的用法。

清单 5-11 needs 的用法

```
stages:
  - install
  - build
  - deploy

install_java:
```

```
  stage: install
  script: echo 'start install'

install_vue:
  stage: install
  script: echo 'start install'

build_java:
  stage: build
  needs: ["install_java"]
  script: echo 'start build java'

build_vue:
  stage: build
  needs: ["install_vue"]
  script: echo 'start build vue'

build_html:
  stage: build
  needs: []
  script: echo 'start build html'

job_deploy:
  stage: deploy
  script: echo 'start deploy'
```

在上面的例子中，我们定义了 3 个阶段，即 install、build 和 deploy。按照常规的运行顺序，install 阶段的作业会优先运行；等到 install 阶段所有的作业都完成后，build 阶段的作业才会运行；最后 deploy 阶段的作业得以运行。但由于该项目是一个前、后端不分离的项目，即包含了 Java 后端应用和 Vue 前端应用——这两个应用的安装依赖和构建是相互独立的，因此我们在 build_java 和 build_vue 两个作业中设置了各自的依赖作业，即 build_java 作业依赖 install_java 作业，build_vue 作业依赖 install_vue 作业。这样设置后，只要 install_java 作业运行完毕，build_java 就会开始运行。build_vue 与此同理。我们在作业 build_html 中设置了 needs: []，这样设置后，虽然它属于第二队列 build 阶段，该作业将会放到第一队列运行，当流水线触发时它就会运行。待作业 build_vue

与 build_java 运行完毕后，deploy 阶段的 job_deploy 作业才会运行。

我们在 GitLab 上可以看到作业的依赖关系，如图 5-2 所示。

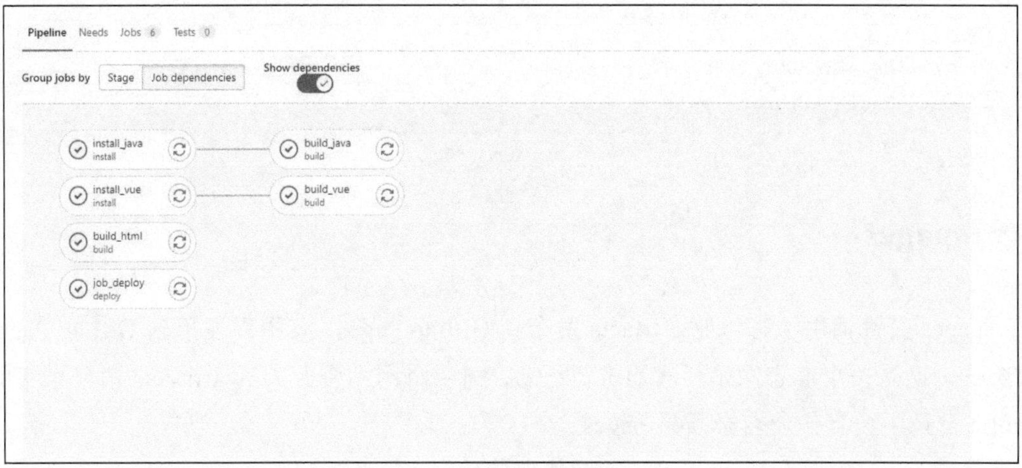

图 5-2 作业的依赖关系

needs 还可以设置跨流水线的依赖关系。清单 5-12 和清单 5-13 分别给出了父流水线和子流水线的示例。

清单 5-12 父流水线

```
create-artifact:
  stage: build
  script: echo "sample artifact" > artifact.txt
  artifacts:
    paths: [artifact.txt]

child-pipeline:
  stage: test
  trigger:
    include: child.yml
    strategy: depend
  variables:
    PARENT_PIPELINE_ID: $CI_PIPELINE_ID
```

清单 5-13　子流水线

```
use-artifact:
  script: cat artifact.txt
  needs:
    - pipeline: $PARENT_PIPELINE_ID
      job: create-artifact
```

5.9　pages

pages 关键词用于将作业 artifacts 发布到 GitLab Pages，其中需要用到 GitLab Pages 服务——这是一个静态网站托管服务。注意，需要将网站资源放到 artifacts 根目录下的 public 目录中，且作业名必须是 pages。

清单 5-14 展示了 pages 的用法，即如何使用 pages 关键字将 artifacts 发布到 GitLab Pages 上。

清单 5-14　pages 的用法

```
pages:
  stage: deploy
  script:
    - mkdir .public
    - cp -r * .public
    - mv .public public
  artifacts:
    paths:
      - public
```

在上述的例子中，我们定义了一个名为 pages 的作业，然后将网站的静态资源都复制到 public 目录中——为避免复制死循环，可以先创建一个临时目录，最后配置 artifacts 的路径为 public。这样作业运行后，就会将 artifacts 发布到 GitLab Pages 上。如果 GitLab 是私有化部署，需要管理员开启 GitLab Pages 功能。

5.10 parallel

parallel 关键词用于设置一个作业同时运行多少次，取值范围为 2～50，这对于非常耗时且消耗资源的作业来说是非常合适的。要在同一时间多次运行同一个任务，开发者需要有多个可用的 runner，或者单个 runner 允许同时运行多个作业。

清单 5-15 展示了 parallel 的简单用法。

清单 5-15 parallel 的简单用法

```
test:
  script: echo 'hello WangYi'
  parallel: 5
```

在上述例子中，我们定义了一个 test 作业，并设置该作业的 parallel 为 5，这样该作业将会并行运行 5 次。作业名称以 test 1/5、test 2/5、test 3/5 这样命名，以此类推，如图 5-3 所示。

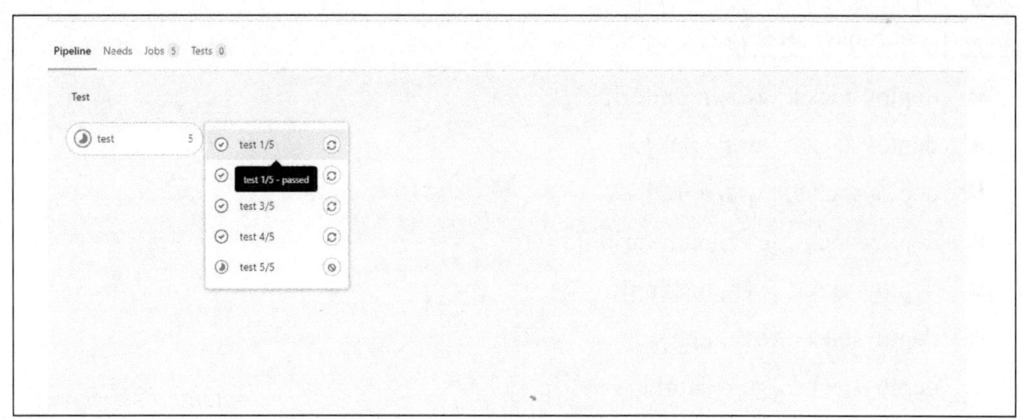

图 5-3 作业同时运行示意

可以看到，test 作业分裂成了 5 个，且 5 个作业同时运行。

parallel 关键词除了可以配置数字，还可以配置 matrix。使用 matrix 可以为同时运行的作业注入不用的变量值，如清单 5-16 所示。

清单 5-16　parallel 的复杂用法

```
deploystacks:
  stage: deploy
  script:
    - bin/deploy
  parallel:
    matrix:
      - PROVIDER: aws
        STACK:
          - monitoring
          - app1
          - app2
      - PROVIDER: ovh
        STACK: [monitoring, backup, app]
      - PROVIDER: [gcp, vultr]
        STACK: [data, processing]
```

在上述例子中，我们可以生成 10 个作业，每个作业都有两个变量，即 PROVIDER 与 STACK，并且这两个变量的值都不一样。

这 10 个作业的变量值分别如下。

- deploystacks: [aws, monitoring]。
- deploystacks: [aws, app1]。
- deploystacks: [aws, app2]。
- deploystacks: [ovh, monitoring]。
- deploystacks: [ovh, backup]。
- deploystacks: [ovh, app]。
- deploystacks: [gcp, data]。
- deploystacks: [gcp, processing]。
- deploystacks: [vultr, data]。
- deploystacks: [vultr, processing]。

5.11 retry

retry 关键词用于设置作业在运行失败时的重试次数，取值为 0、1 或 2，默认值为 0。如果设置为 2，则作业最多再运行 2 次。除了可以在作业上设置，retry 关键词还可以在 default 关键词下设置，为每个作业设置统一的重试次数。

清单 5-17 展示了 retry 的简单用法。

清单 5-17 retry 的简单用法

```
build:
  script: npm build
  retry: 2
```

在上面的例子中，我们定义了一个 build 作业，如果该作业第一次运行失败，将会继续尝试运行，且最多再尝试运行 2 次。

除了简单设置重试次数，retry 还可以设置为当特定错误出现时进行重试，如清单 5-18 所示。

清单 5-18 retry 的复杂用法

```
build:
  script: npm build
  retry:
    max: 2
    when: runner_system_failure
```

在上述例子中，如果错误类型是 runner_system_failure 则进行重试，如果为其他错误类型则不会进行重试。类似的错误类型还有如下几种。

- always：任何错误都会重试。
- unknown_failure：未知失败时重试。
- script_failure：当执行脚本失败时重试。
- api_failure：当错误类型是 API 失败时重试。

5.12 timeout

timeout 关键词用于设置一个作业的超时时间，超过该时间，流水线就会被标记为运行失败。

timeout 关键词的取值为特定的时间格式，如 3600 seconds、60 minutes、one hour、3h 30m 等。

清单 5-19 展示了 timeout 的用法。

清单 5-19　timeout 的用法

```
build:
  script: npm build
  timeout: 1h
```

在上面的例子中，我们定义了一个 build 作业，并设置 timeout 的值为 1h。除了将 timeout 定义在具体作业上，开发者还可以将之定义在 default 下为流水线中的每一个作业设置超时时间。注意，超时时间不能长于 runner 的失效期。

5.13 release

release 关键词用于创建发布。如果流水线使用的是 Shell 执行器，要创建发布，必须安装官方提供的 release-cli，这是一个创建发布的命令行工具。如果是 Docker 执行器的话，可以直接使用官方提供的镜像 registry.gitlab.com/gitlab-org/release-cli:latest。

release 关键词下有很多配置项，有些是必填的，有些是选填的，如下所示。

- tag_name：必填，项目中的 Git 标签。
- name：选填，release 的名称，如果不填，则使用 tag_name 的值。
- description：必填，release 的描述，可以指向项目中的一个文件。
- ref：选填，release 的分支或者 tag。如果不填，则使用 tag_name。

- milestones：选填，与 release 关联的里程碑。
- released_at：选填，release 创建的日期和时间，如'2021-03-15T08:00:00Z'。
- assets:links：选填，资产关联，可以配置多个资源链接。

清单 5-20 显示了 release 的用法。

清单 5-20 release 的用法

```
release_job:
  stage: release
  image: registry.gitlab.com/gitlab-org/release-cli:latest
  rules:
    - if: $CI_COMMIT_TAG
  script:
    - echo "Running the release job."
  release:
    name: 'Release $CI_COMMIT_TAG'
    description: 'Release created using the release-cli.'
```

5.14 小结

在本章中，我们介绍了 13 个中阶关键词。其中一些关键词能够让流水线变得简洁、结构清晰，能应对较为复杂的业务场景；另外一些关键词能让流水线变得更合理，让其执行效率变得更高。

第 6 章　高阶关键词

在本章中，我们将介绍一些在编写 GitLab CI/CD 流水线时常用的高阶关键词，包括 rules、workflow、trigger、include、resource_group、environment、services、secrets 和 dast_configuration。

6.1　rules

由于项目的流水线内容都是定义在.gitlab-ci.yml 文件中的，为了应对各种业务场景、各种分支的特殊作业，开发者需要编写复杂的条件来实现在特定场景下运行特定的作业，这个时候可以使用关键词 rules。

关键词 rules 是一个定义在作业上的关键词。它不仅可以使用自定义变量、预设变量来限定作业是否运行，还可以通过判断项目中某些文件是否改变以及是否存在某些文件来决定作业是否运行。开发者可以设置多条判断语句，如果有多条规则命中，会按照第一匹配原则来决定作业是否会运行。关键词 rules 是关键词 only/except 的“加强版”，在相同的场景下官方推荐使用 rules，官方对关键词 only/except 将不再开发新的特性。rules 下有 6 个配置项，分别是 if、changes、exists、allow_failure 和 variables。

6.1.1 rules:if

rules:if 用于条件判断，可以配置多个表达式，当表达式的结果为 true 时，该作业将被运行。清单 6-1 显示了 rules:if 的用法。

清单 6-1 rules:if 的用法

```
test_job:
  script: echo "Hello, ZY!"
  rules:
    - if: '$CI_MERGE_REQUEST_SOURCE_BRANCH_NAME =~ /^feature/ && $CI_MERGE_REQUEST_
TARGET_BRANCH_NAME != $CI_DEFAULT_BRANCH'
      when: never
    - if: '$CI_MERGE_REQUEST_SOURCE_BRANCH_NAME =~ /^feature/'
      when: manual
      allow_failure: true
    - if: '$CI_MERGE_REQUEST_SOURCE_BRANCH_NAME'
```

在上述例子中，我们使用 rules:if 定义了 3 个表达式。注意，第一个表达式的含义是，当前的代码改动中，如果在当前的合并请求中源分支是以 feature 开头的，且目标分支不是项目的默认分支，则当前作业不会被添加到流水线中。注意，如果用 when:never 修饰一个 rules:if，表明若命中该表达式不会运行。此外，在 rules:if 中使用的变量格式必须是$VARIABLE。

6.1.2 rules:changes

为了满足指定文件改变而运行特定作业的场景需求，GitLab CI/CD 提供了 rules:changes。开发者可以配置一个文件列表，只要列出的文件有一个改动，该作业就会运行。

清单 6-2 展示了 rules:changes 的用法。

清单 6-2　rules:changes 的用法

```
docker_build:
  script: docker build -t my-image:$CI_COMMIT_REF_SLUG .
  rules:
    - changes:
        - Dockerfile
```

在上述例子中，我们将 rules:changes 指向 Dockerfile 文件，这意味着只要 Dockerfile 更改了，docker_build 作业就会运行。这里需要注意：首先，配置的文件路径必须是项目根目录的相对路径；其次，当流水线类型是定时流水线或者 tag 流水线时，该作业也会运行。所以开发者应尽量在分支流水线或者合并流水线中使用它。

6.1.3　rules:exists

rules:exists 可以用于实现根据某些文件是否存在而运行作业：如果配置的文件存在于项目中，则运行作业；如果不存在，则不运行作业。清单 6-3 展示了 rules:exists 的用法。

清单 6-3　rules:exists 的用法

```
docker_build:
  script: docker build -t fizz-app:$CI_COMMIT_REF_SLUG .
  rules:
    - exists:
        - Dockerfile
```

在上述例子中，如果项目中存在 Dockerfile，则该作业会运行，否则不运行。

6.1.4　rules:allow_failure

rules:allow_failure 可以配置当前作业运行失败后，使流水线不停止，而继续往下运行。其默认值为 false,表示作业运行失败则流水线停止运行。清单 6-4 展示了 rules:allow_failure 的用法。

清单 6-4 rules:allow_failure 的用法

```
test_job:
  script: echo "Hello, Rules!"
  rules:
    - if: '$CI_MERGE_REQUEST_TARGET_BRANCH_NAME == $CI_DEFAULT_BRANCH'
      when: manual
      allow_failure: true
```

在上面的例子中，如果作业运行失败，流水线不会停止运行。

6.1.5 rules:variables

rules:variables 用于对变量进行操作，可以在满足条件时修改或创建变量。清单 6-5 展示了 rules:variables 的用法。

清单 6-5 rules:variables 的用法

```
rules_var:
  variables:
    DEPLOY_VARIABLE: "default-deploy"
  rules:
    - if: $CI_COMMIT_REF_NAME == $CI_DEFAULT_BRANCH
      variables:
        DEPLOY_VARIABLE: "deploy-production"
    - if: $CI_COMMIT_REF_NAME = 'feature'

      variables:
        IS_A_FEATURE: "true"
  script:
    - echo "Run script with $DEPLOY_VARIABLE as an argument"
    - echo "Run another script if $IS_A_FEATURE exists"
```

在上述例子中，如果当前推送的分支是默认分支，则会将变量 DEPLOY_VARIABLE 修改为 deploy-production；如果当前推送的分支是 feature，则新建一个变量为 IS_A_FEATURE，令其值为 true。

6.2 workflow

workflow 是一个全局关键词，可用于配置多个规则来限定流水线是否运行。workflow 的配置项只有一个 rules，6.1 节介绍的 rules 下的所有配置项都可以在此处使用，如 rules:if、rules:changes、rules:exists 等。与作业中的 rules 不同，在 workflow 中定义的 rules 是直接作用于流水线的，如果命中了一条规则，流水线就会运行。还有，用 rules:variables 创建的变量会在整个流水线中可见，属于全局变量，所有的作业都可以使用它。清单 6-6 显示了 workflow 的用法。

清单 6-6　workflow 的用法

```
workflow:
  rules:
    - if: $CI_COMMIT_MESSAGE =~ /-draft$/
      when: never
    - if: $CI_PIPELINE_SOURCE == "merge_request_event"
      variables:
        IS_A_MR: "true"
    - if: $CI_COMMIT_BRANCH == $CI_DEFAULT_BRANCH
```

在上述例子中，我们用 3 条规则来配置 workflow。第一条规则，如果提交的信息中包含-draft，流水线不会触发；第二条规则，如果当前的操作创建了一个合并请求，会声明一个值为 true 的变量 IS_A_MR，该变量的值可以被作业中的变量覆盖；第三条规则，如果提交的分支是默认分支，则运行流水线。编写触发规则都离不开 CI/CD 中的预设变量，每个变量有其独特的用处，有些变量在特定场景下才会有值，开发者掌握了预设变量使用规则，一切就会变得很简单。

6.3 trigger

trigger 关键词用于创建下游流水线，即在流水线中再触发新的流水线，尤其适用于构建部署复杂的项目或者多个微服务的项目结构。使用该关键词，开发者可以创建父子流水线（在一个项目中运行两条流水线），也可以创建跨项目流水线。下面来看一下它的使用规则。

如果一个作业配置了 trigger，那么该作业有些属性将不能被定义，如 script、after_script 和 before_script。能够配置的属性只有以下几个：stage、allow_failure、rules、only、except、when、extends 和 needs。

清单 6-7 显示了 trigger 的用法。

清单 6-7 trigger 的用法

```
trigger-other-project:
  stage: deploy
  trigger:
    project: my/deployment
    branch: stable-2022

trigger-child-pipeline:
  stage: deploy
  trigger:
    include: path/to/microservice_a.yml
```

在上述例子中，我们定义了两个作业，即 trigger-other-project 和 trigger-child-pipeline。第一个作业 trigger-other-project 会触发 my/deployment 项目的 stable-2022 分支的流水线。如果不定义 branch，则触发该项目的默认分支。第二个作业 trigger-child-pipeline 会触发一个下游流水线，该流水线的内容定义在该项目的 path/to/microservice_a.yml 文件中。默认情况下，一旦下游流水线得以创建，触发流水线的作业就会变为成功状态，并且上游的流水线会继续运行，并不会等待下游流水线运行完成。如果开发者需要上游流水线在下游流水线运行完成后再继续运行，可以在作业上配置 strategy: depend。

清单 6-8 展示了 strategy 的用法。

清单 6-8　strategy 的用法

```
trigger-microservice_a:
  stage: deploy
  variables:
    ENVIRONMENT: staging
  trigger:
    include: path/to/microservice_a.yml
    strategy: depend
```

在关键词 trigger 中配置 strategy: depend，可以使当前流水线待下游流水线完成后再继续运行。在上述例子中，我们也定义了一个值为 staging 的变量 ENVIRONMENT。该变量会直接注入下游流水线中，让下游流水线可以根据该变量做一些自定义的调整。

6.4　include

include 关键词用于引入模板，即允许开发者在.gitlab-ci.yml 文件中引入外部的 YAML 文件。引入的文件可以是本项目中的，也可以是一个可靠的公网 YAML 文件，还可以是官方的模板文件。我们可以将常用的一些配置模板定义在仓库外的一个公网 YAML 文件中，然后使用 include 引入，这样做之后，修改引入的文件将不会触发流水线，在下次运行流水线时生效。为了安全起见，开发者应该引入那些可靠的 YAML 文件。

前文提到，开发者可以在.gitlab-ci.yml 中定义一个配置模板作业，然后用 extends 关键词来继承它，以降低配置、提取公共代码。但对于跨项目或者多项目，共享配置是无法单独使用 extends 来实现的。对此 GitLab CI/CD 团队提供了关键词 include，用于引入外部的 YAML 文件。每个关键词都有自己存在的理由和满足的需求，这就需要我们在学习时结合实际来思考。include 是一个全局关键词，一般定义在.gitlab-ci.yml 的头部，可以一次引入多个文件，但文件的扩展名必须是.yml 或.yaml。

include 关键词下有 4 个配置项，分别是 local、file、remote 和 template。每个配置项都可以引入不同类型的 YAML 文件，且都允许引入多个文件。local 的值必须指向本项目的文件，file 的值可以指向其他项目的文件，remote 用于引入公网文件资源，template 配置项只能用于引入 GitLab 官方编写的模板文件。这 4 个配置项可以单独使用，也可以组合使用。

6.4.1 include:local

include:local 用于引入本地文件，且只能引入当前项目的文件，需要以/开头，表示项目根目录。引入的文件必须与当前的.gitlab-ci.yml 文件位于同一分支，无法使用 Git submodules 的路径。

清单 6-9 展示了 include:local 的用法。

清单 6-9 include:local 的用法

```
include:
  - local: '/templates/.fe-ci-template.yml'
```

在上述例子中，我们会引入项目目录/templates 下的.fe-ci-template.yml 文件，而该文件会被合并到.gitlab-ci.yml 文件中。合并时，对于相同的 key，我们将使用.gitlab-ci.yml 的配置。注意，.fe-ci-template.yml 文件要与.gitlab-ci.yml 位于同一分支。因为只引入了一个文件，所以上述例子也可以简写成 include: '/templates/.fe-ci-template.yml'。

对于大型项目的流水线，引入的模板资源不止一个，如果一个一个引入，无疑会很麻烦。这时可以将模板文件存放在一个文件夹下，在.gitlab-ci.yml 中用通配符来匹配该目录下的所有模板文件，进行批量引入。批量引入模板文件可以写成 include: '/fe/*.yml'，这样将会引入 fe 目录下的所有以.yml 结尾的文件，但不会引入 fe 的子目录下的 YAML 文件。如果要引入一个目录下所有的 YAML 文件，并引入该目录所有子级目录下的 YAML 文件，可以配置为 include: '/fe/**.yml'。

6.4.2 include:file

include:file 用于引入其他项目文件，可以在.gitlab-ci.yml 文件中引入另一个项目的文件。开发者需要指定项目的完整路径，如果有群组，那么需要加上群组路径。

清单 6-10 展示了 include:file 的用法。

清单 6-10　include: file 的用法

```
include:
  - project: 'fe-group/my-project'
    ref: main
    file: '/templates/.gitlab-ci-template.yml'

  - project: 'test-group/my-project'
    ref: v1.0.0
    file: '/templates/.gitlab-ci-template.yml'

  - project: 'be-group/my-project'
    ref: 787123b47f14b552955ca2786bc9542ae66fee5b  # Git SHA
    file:
      - '/templates/.gitlab-ci-template.yml'
      - '/templates/.tests.yml'
```

在上述例子中，我们用 include 引入了 3 个项目的模板资源，即 fe-group/my-project、test-group/my-project 和 be-group/my-project。每个项目都指定了分支、标签或者 Git SHA。这里也展示了 file 是可以配置多个文件的。对于项目名称，开发者可以使用变量指定。

6.4.3　include:remote

include:remote 用于引入公网文件，即可以引入公网的资源。开发者需要指定文件资源的完整路径，由于文件资源必须是公开、不需要授权的，因此可以使用 HTTP 或 HTTPS 的 GET 请求获得。清单 6-11 展示了 include:remote 的用法。其中，文件路径为虚拟路径，仅用于演示。

清单 6-11　include:remote 的用法

```
include:
  - remote: '                    .gitlab-ci.yml'
```

使用该方法可以在不增加版本记录的情况下，对流水线进行修改。开发者可以将流水线所有内容定义在一个外网的文件上，使用 include 引入。注意，这可能会存在安全隐患。使用 include 引入文件后，在流水线运行时，会将所有的引入文件做一次快照合并到.gitlab-ci.yml 文件中。在流水线运行后再修改引用的文件，并不会触发流水线，也不会更改已经运行的流水线结果，所修改的内容会在流水线下一次运行时应用。如果重新运行旧的流水线，运行的依然是修改前的内容。

6.4.4 include:template

include:template 用于引入官方模板文件，也就是说，可以将官方的一些模板引入流水线中，如清单 6-12 所示。

清单 6-12 include:template 的用法

```
include:
  - template: Android-Fastlane.gitlab-ci.yml
  - template: Auto-DevOps.gitlab-ci.yml
```

在上述例子中，我们引入了两个官方的模板。引入这些模板时，不用填写完整路径，只需要保证文件名称正确。

6.5 resource_group

在一个频繁构建、频繁部署的应用中，可能同时存在多条运行的流水线，这种并发运行的情况会导致很多问题。比如，一个旧的流水线部署的环境要比新的流水线较晚完成，导致部署环境不是用最新的代码部署的。为了解决这一问题，GitLab CI/CD 引入了“资源组”的概念。将 resource_group 关键词配置到一个作业上，在同一时间只会有一个作业正在运行，可确保运行顺序，使其他的作业在当前作业完成后再运行。清单 6-13 展示了 resource_group 的用法。

清单 6-13 resource_group 的用法

```
deploy-production-job:
  script: sleep 600
  resource_group: prod
```

在上述例子中，我们定义了一个 deploy-production-job 作业，并配置 resource_group 为 prod。如果现在有两条流水线同时运行，无论这两条流水线是否属于同一分支，作业 deploy-production-job 都只能按照先后顺序运行，一个作业运行完成后再运行下一个作业。运行效果如图 6-1 所示。

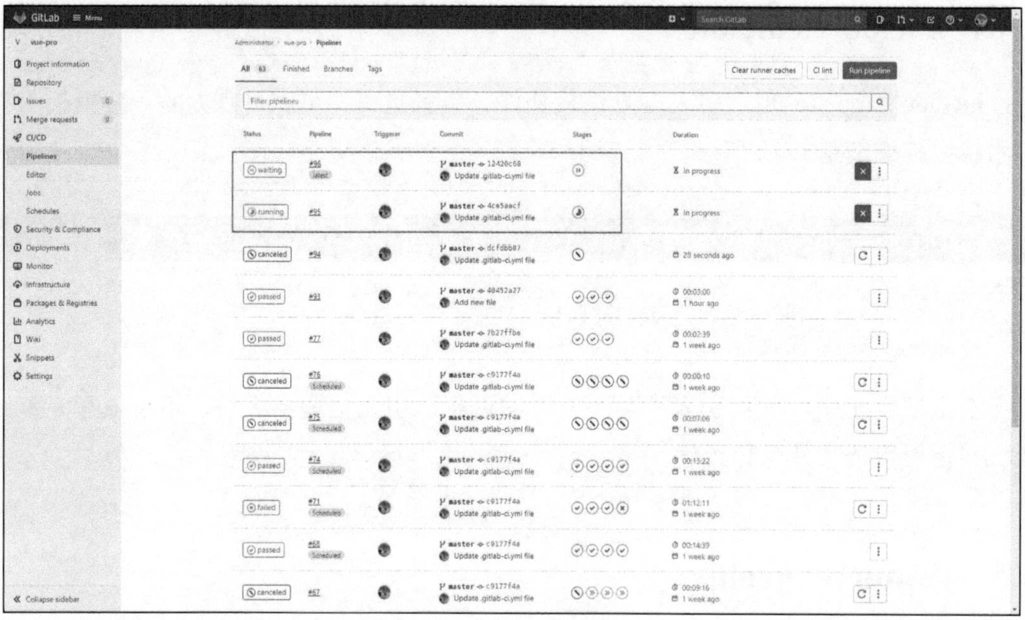

图 6-1　运行效果

可以看到，第一个作业运行时，第二个作业会处于 waiting 的状态，即它在等待第一个作业运行完成。

resource_group 的值是开发者自己定义的，可以包含字母、数字、 _ 、-、 /、 $、{、 }、.和空格等，但不能以 /开头或结尾。开发者可以在一条流水线中定义多个 resource_group。

resource_group 关键词也可以用于设置在一个跨项目流水线或父子流水线的作业，这样可以保证在触发下游的流水线时不会有敏感作业在运行。使用 resource_group 的父级流水线如清单 6-14 所示。

清单 6-14 使用 resource_group 的父级流水线

```
build:
  stage: build
  script: echo "Building..."

test:
  stage: test
  script: echo "Testing..."

deploy:
  stage: deploy
  trigger:
    include: deploy.gitlab-ci.yml
    strategy: depend
  resource_group: AWS-production
```

清单 6-15 展示了使用 resource_group 的子级流水线。

清单 6-15 使用 resource_group 的子级流水线

```
stages:
  - provision
  - deploy

provision:
  stage: provision
  script: echo "Provisioning..."

deployment:
  stage: deploy
  script: echo "Deploying..."
```

在清单 6-14 所示的例子中，我们使用关键词 trigger 来触发一个子级流水线，并在该作业上配置了 resourece_group：AWS-production。这样配置后，只要子流水线还没有完成，父流水线就不会再次触发流水线，必须等到子级流水线完成后才继续运行。注意，在触发子级流水线的作业上必须配置 strategy：depend。这样配置后，父级流水线就会等待子级流水线完成后才会继续往下运行。

6.6 environment

关键词 environment 可用于定义部署作业的环境名称。这里的“部署作业”是“泛指”，任何一个作业都可以被看作部署作业。清单 6-16 显示了 environment 的用法。

清单 6-16　environment 的用法

```
deploy_test_job:
  script: sleep 2
  environment: test
```

在上述例子中，我们定义了一个部署到 test 环境的作业，并指定了 environment 为 test。开发者可以自由指定 environment 的值，可以是纯文本，也可以是变量。

当上述作业运行后，项目的 Deployments 菜单下的 Environments 列表中会出现一条记录，如图 6-2 所示。

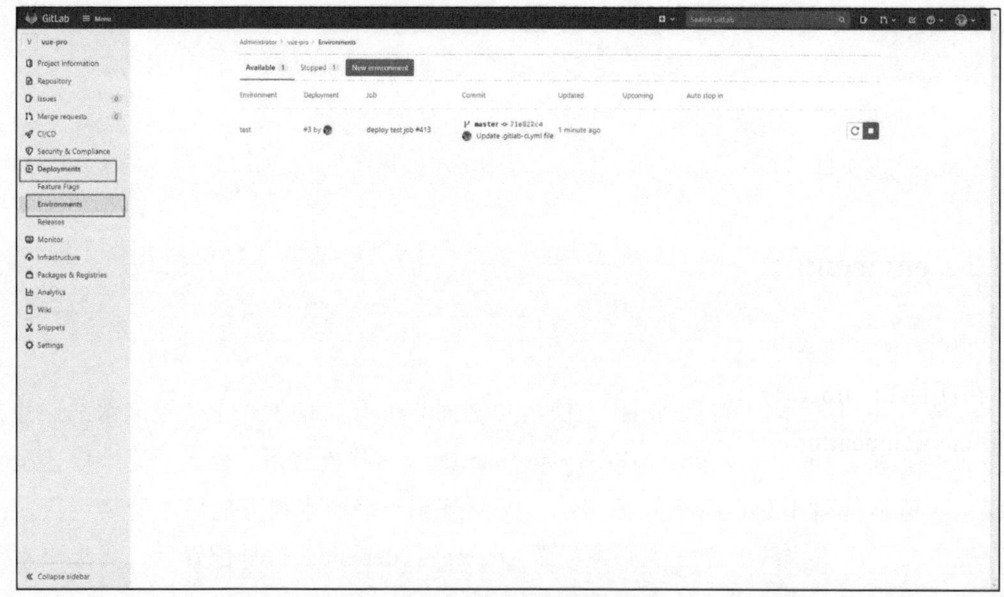

图 6-2　Environments 列表

在该页面是部署环境概览页，开发者可以自由查看部署到各个环境的作业，包括最新的更新时间、操作人和作业详情等，可非常方便地查看各个部署环境的最新动态。

上面的例子只是一个很简单的例子，下面我们看一下 environment 有哪些配置参数。

6.6.1 environment:name

environment:name 用于配置部署环境的名称，可以是文本，也可以是 CI/CD 中的变量。常见的名称有 qa、staging 和 production。自定义的环境名称只能包含字母、数字、空格以及-、 _、 /、 $、 {、 }等字符。

清单 6-17 显示了 environment:name 的用法。

清单 6-17 environment:name 的用法

```
deploy_test_env:
  script:
    - echo "Deploy test env"
  environment:
    name: test
```

在上述例子中，我们使用 environment:name 部署环境的名称。当作业运行后，name 的值会显示到项目 Environments 列表中。

6.6.2 environment:url

environment:url 用于配置部署环境的访问地址。当一个部署环境配置了访问地址后，在项目 Environments 列表里，就可以直接单击访问按钮访问到该环境。清单 6-18 显示了 environment:url 的用法。

清单 6-18 environment:url 的用法

```
deploy_test_env:
  script:
```

```
    - echo "Deploy test env"
  environment:
    name: test
    url: 
```

对于配置了 environment:url 的部署作业，会在 Environments 列表里显示访问按钮，如图 6-3 所示。

图 6-3　访问按钮

单击部署环境名称，进入部署环境的任务列表，也可以打开部署环境，如图 6-4 所示。

environment:url 主要提供了一种快捷打开部署环境的方式，提升了用户体验。这对于部署代码 review 环境和多环境管理很有帮助。如果开发者在部署时还不确定访问地址，也可以在部署后使用变量重新写入 environment:url。

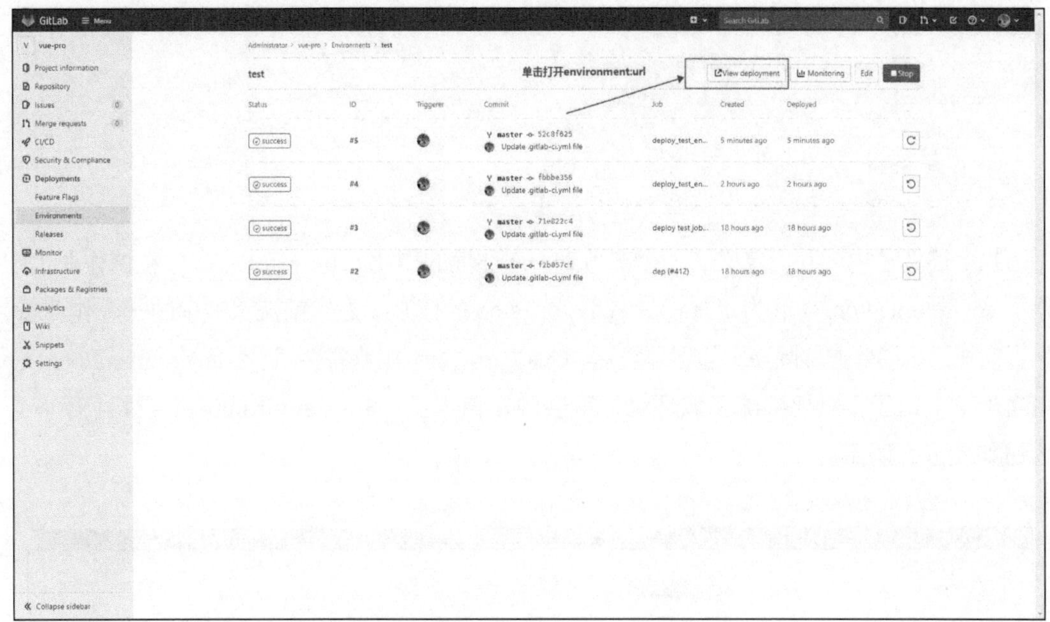

图 6-4　在任务列表中打开部署环境

6.6.3 environment:on_stop

在开发软件的过程中，有时需要很多个部署环境。有些环境需要长期存在，有些环境只是用于验证某个功能，不需要长期存在。这时，开发者就可以移除某个部署环境，然后在移除环境时触发一个清空部署环境的作业，进而自动释放部署环境的资源。environment:on_stop 与 environment:action 就是做这样的事的。清单 6-19 展示了 environment:on_stop 的用法。

清单 6-19　environment:on_stop 的用法

```
deploy_test_env:
  script: echo 'deploy test env'
  environment:
    name: test
    url: 
    on_stop: clean_test_env
```

```
clean_test_env:
  script: echo 'stop deploy and clean test env'
  when: manual
  environment:
    name: test
    action: stop
```

在上述例子中，我们定义了一个部署到 test 环境的作业 deploy_test_env，在该作业上配置了 environment:on_stop 为 clean_test_env。on_stop 的值必须是当前流水线中的一个作业名，配置完成后，在单击移除 test 部署环境后，clean_test_env 作业将会执行。environment:on_stop 相当于一个钩子，只要移除了该环境，就会触发该作业。Stop environment（停止环境）按钮如图 6-5 所示。

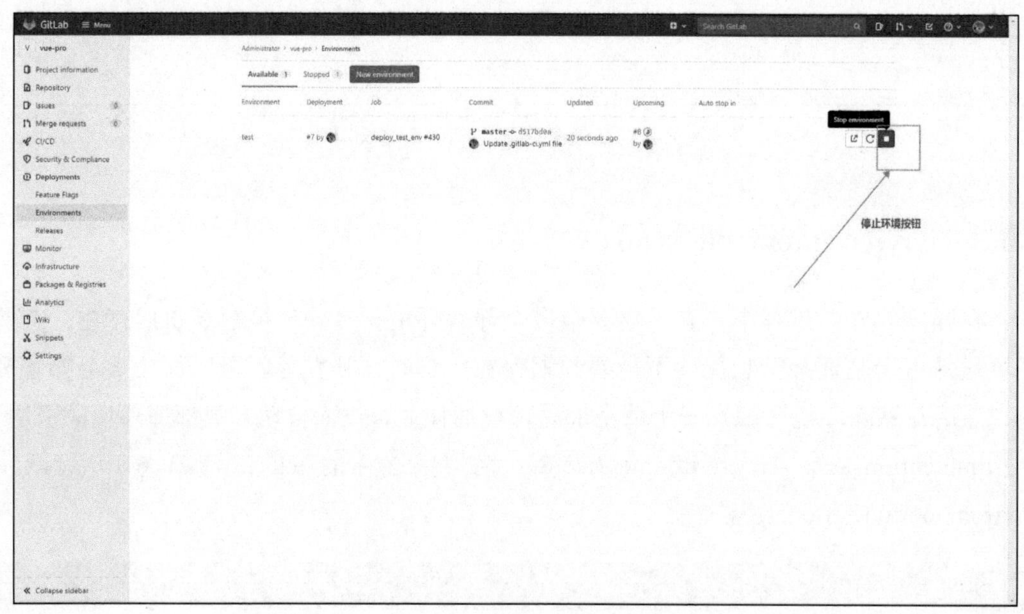

图 6-5　停止环境按钮

单击图 6-5 中的 Stop environment 按钮后，test 部署环境会被移到 Stopped 选项卡下，并且触发配置的 environment:on_stop 作业。

6.6.4 environment:action

我们再来看一下 environment:action 的配置。environment:action 的值有 3 个，分别是 start（默认值）、prepare 和 stop。如果没有配置 environment:action，就会取默认值 start。这样设置后，表明当前作业会部署一次新环境，如果没有则应予以创建。environment:action 的值为 prepare，表明当前作业正在准备部署环境，还未开始部署环境；environment:action 的值为 stop，表明当前作业会停止一个部署环境。我们再来看一下清单 6-19 所示的例子。

作业 clean_test_env 配置了 environment:action 为 stop，表明该作业可以配置到 environment:on_stop 上。when:manual 表明当前作业必须手动触发。environment:name 的值与 deploy_test_env 作业的一致，都是 test。在配置 environment:on_stop 时必须保证二个作业的环境名称一致。设置为手动触发可以避免自动运行造成的不可预期的环境清空。手动清空部署环境的作业如图 6-6 所示。

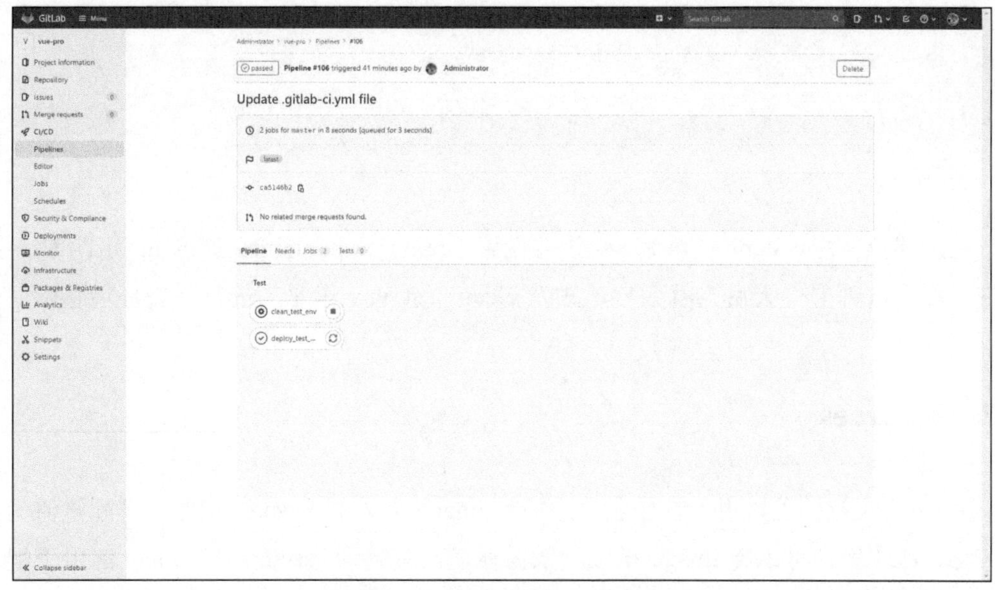

图 6-6　手动清空部署环境作业

6.6.5 environment:auto_stop_in

environment:auto_stop_in 关键词可以用于设置部署环境存留的时间，使用它可以实现在部署环境运行一段时间后，自动移除部署环境。注意，所有移除部署环境的操作都是需要开发者编写具体的作业来完成的，GitLab CI/CD 只是提供一个界面上的部署环境管理，并不会真正帮你释放资源、清空配置。environment:auto_stop_in 可以配置一段时间，如 1 day、1 hour and 30 minutes、1 week。清单 6-20 展示了 environment:auto_stop_in 的用法。

清单 6-20　environment:auto_stop_in 的用法

```
deploy_test_env:
  script: echo 'deploy test env'
  environment:
    name: test
    url:
    on_stop: clean_test_env
    auto_stop_in: 1 day

clean_test_env:
  script: echo 'stop deploy and clean test env'
  when: manual
  environment:
    name: test
    action: stop
```

在上述例子中，deploy_test_env 作业设置了 environment:auto_stop_in 为 1 day，那么在最后一次部署一天后，就会自动触发 clean_test_env 作业，进行部署环境移除。

6.7 services

services 关键词可以用于在作业上添加除 image 之外的 Docker 镜像，其配置值为镜像名称，这些镜像可以与 image 指定的镜像通信。关键词 services 与 image 都用于配置作业的镜像，但也有区别。首先二者都可以使用 default 定义一个流水线的全局值，此外两个都可以指定 Docker 镜像，也可以指定私有仓库的镜像。不同的是，services 可以指定多个镜像，而 image 只能指定一个。此外 services 主要使用于需要网络访问的场景，如在作业中使用了数据库。image 关键词用于普遍的基础镜像（如 Python、Node），而 services 常用于 MySQL、Redis。在作业中使用 services 有两种方式：一种是在 GitLab Runner 的配置文件 config.toml 文件中配置；另一种是在.gitlab-ci.yml 文件中配置。下面我们看一个使用 services 的例子，如清单 6-21 所示。

清单 6-21 services 的用法

```
end-test-end:
  image: node
  services:
    - mysql
    - postgres:11.7
  script:
    - echo 'start test'
```

在上述例子中，我们指定了 image:node，表明当前作业在 Node.js 环境下进行，还引入了两个服务（MySQL 与 PostgreSQL）。通常情况下，不需要使用两个数据库，这里之所以这样做，只是为了展示 services 可以配置多个服务。end-test-end 作业运行时，会先启动 node 的容器，然后启动 mysql 容器与 postgres:11.7 容器。在启动 mysql 容器后，如果要给 mysql 创建数据库和 root 账号的密码，可以定义两个变量 MYSQL_DATABASE 和 MYSQL_ROOT_PASSWORD，如清单 6-22 所示。

清单 6-22 services 的用法

```
variables:
  MYSQL_DATABASE: fizz
  MYSQL_ROOT_PASSWORD: FIZZ_ROOT_PASSWORD

end-test-end:
  image: node
  services:
    - mysql
  script: echo 'start test'
```

在上述例子中，我们创建了一个 MySQL 服务，并指定了密码和数据库。在应用中使用数据时，开发者应该像清单 6-23 这样配置数据库信息。

清单 6-23 services 的用法

```
Host: mysql
User: root
Password: FIZZ_ROOT_PASSWORD
Database: fizz
```

MySQL 服务的 Host 默认是 mysql，其余信息开发者可以自由配置。每个 services 的 host 都是由镜像名转换而来的。镜像名转换服务 Host 的规则为：删除镜像名中冒号及之后的信息，通过将/替换为两个下画线来创建主 Host，通过将/替换为-来创建副 Host。以 GitLab 镜像为例，若镜像名称为 gitlab/gitlab-ce:latest，生成的 Host 有两个：一个是 gitlab__gitlab-ce；另一个是 gitlab-gitlab-ce。

在指定 services 时，共有 5 个属性可以配置，分别是 name（必填）、entrypoint、command、alias 和 variables。name 用于指定完整镜像名称。entrypoint 可以定义一些脚本或命令作为容器的入口。alias 是容器的别名。variables 可以定义一些服务使用的环境变量（注：14.5 版本加入的）。清单 6-24 显示了 services 的复杂用法。

清单 6-24 services 的复杂用法

```
end-to-end-tests:
  image: node:latest
  services:
    - name: selenium/standalone-firefox:${FIREFOX_VERSION}
      alias: firefox
    - name: registry.gitlab.com/organization/private-api:latest
      alias: backend-api
    - postgres:9.6.19
  variables:
    FF_NETWORK_PER_BUILD: 1
    POSTGRES_PASSWORD: supersecretpassword
    BACKEND_POSTGRES_HOST: postgres
```

```
  script:
    - npm install
    - npm test
```

6.8 secrets

secrets 关键词可以用于配置密钥，这些密钥在作业中可以像 CI/CD 变量一样使用。这种方式使用了专业的密钥管理平台，因此更加安全、可靠。但使用 secrets 的前提是 GitLab 必须是专业版或旗舰版。也就是说，这是一个付费版才有的功能。

密钥与变量不同，它不是直接配置在 GitLab 中的，secrets 使用的密钥功能目前必须由专业的密钥托管商 HashiCorp Vault 提供。secrets 支持两个配置，即 secrets:vault 与 secrets:file。secrets:vault 可以配置密钥的路径以及算法，而 secrets:file 可以控制密钥转化的变量类型为文本格式还是文件格式。secrets:vault 的用法如清单 6-25 所示。

清单 6-25 secrets:vault 的用法

```
test_secrets:
  secrets:
    DATABASE_PASSWORD:
      vault: production/db/password
  script: echo ${DATABASE_PASSWORD}
```

在上述例子中，我们使用 secrets 声明了一个变量 DATABASE_PASSWORD，该变量的值会从 HashiCorp Vault 的密钥 production/db 中的 password 字段取得。这样配置后，密钥转化的变量将会变成文件格式的 CI/CD 变量。如果要转化为文本格式的变量，则需使用增加 file:false，如清单 6-26 所示。

清单 6-26 secrets:file 的用法

```
test_secrets:
  secrets:
    DATABASE_PASSWORD:
      vault: production/db/password
```

```
    file: false
  script: echo ${DATABASE_PASSWORD}
```

secrets:file 默认设置为 true，即默认转化为文件格式的变量。

6.9 dast_configuration

dast_configuration 关键词也是一个付费版 GitLab 提供的功能，该关键词可以根据 DAST 配置去扫描部署后的网站，检查一些错误的配置以及从源码看不出来的安全隐患。DAST 使用的是一个开源工具 OWASP Zed Attack Proxy。

清单 6-27 展示了 dast_configuration 的用法。

清单 6-27 dast_configuration 的用法

```
stages:
  - build
  - dast

include:
  - template: DAST.gitlab-ci.yml

dast:
  dast_configuration:
    site_profile: "Example Co"
    scanner_profile: "Quick Passive Test"
```

使用 dast_configuration 时，开发者直接引入官方流水线模板 DAST.gitlab-ci.yml 即可。除此之外，应确保作业名称为 dast，这样该作业才会合并 DAST.gitlab-ci.yml 模板中的配置参数。注意，该关键词必须在 Docker 执行器下使用。

DAST 需要在项目 Security & Compliance 的 Configuration 中配置，如图 6-7 所示。

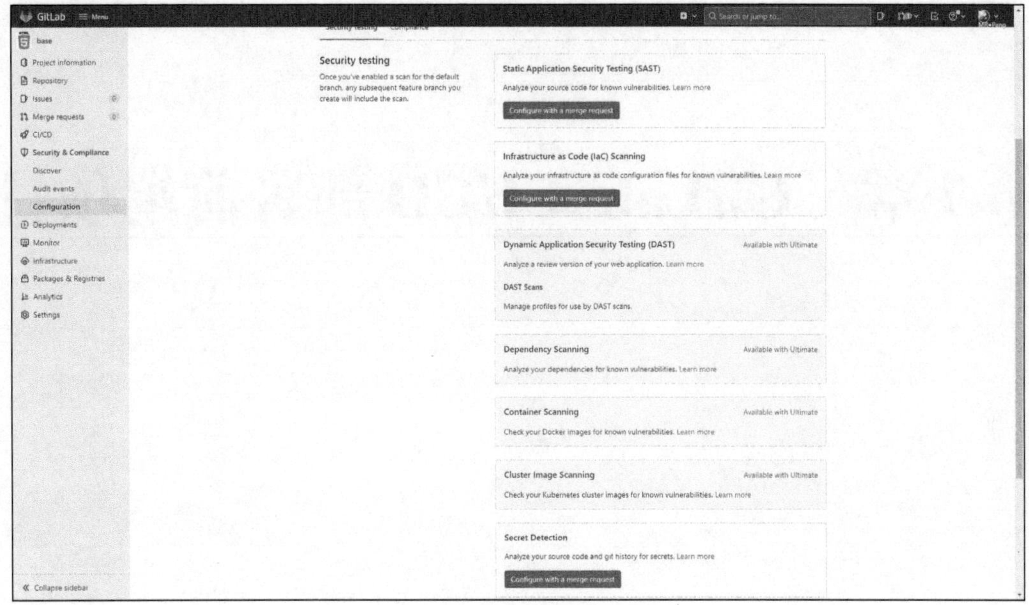

图 6-7 配置 DAST

6.10 小结

在本章中，我们介绍了 9 个关键词，其中有些关键词只有在特定项目中才能用到，有些关键词是付费版才有的功能。掌握了这些关键词的用法，读者可以应对更为复杂的项目构建部署场景。

需要重申的是，本书中所说的“低阶”“中阶”和“高阶”，并不是说关键词有低级、高级之分，而只有适用、不适用的区别。每个关键词都有它特定的使用场景。

第 7 章　GitLab CI/CD 部署前端项目

在本章中，我们会通过一个真实的前端项目来演示如何实现 CI/CD，并会尽量弱化其中涉及的编程语言知识。对于实践中的所有步骤，开发者都可以在本地主机完成，或者在一台远程服务器上完成。

通过学习本章知识，开发者可以动手搭建一个适用于生产环境的 CI/CD 流水线，并最终将项目以合适的方式部署到服务器上。

7.1　准备工作

在开始编写前端流水线之前，开发者需要做一些准备工作。首先要做的是创建一个前端项目，这里作者使用的是一个前端模板项目，使用 Vue CLI 命令行工具创建。如果开发者不熟悉 Vue CLI 也没关系，作者已经将本章使用的项目 vue-pro 上传到

GitLab，请访问链接 https://gitlab.com/PmcFizz/GitLab-CI/CD/tree/master/vue-pro 并参考。开发者可以直接 fork 项目来进行以下的实践。该项目需要使用到 Node.js 进行构建，并使用 ESLint 进行代码格式验证。

如果项目托管在 GitLab 上，开发者可以直接使用官方提供的 runner，但强烈建议从零开始搭建整套环境，以便熟悉、掌握整套流程。创建好项目后，开发者需要安装 GitLab Runner，并且为项目注册一个可用的 runner。

使用 Docker 安装 GitLab Runner 会让事情变得很简单——只需要根据清单 2-1 的命令即可安装（需要首先安装 Docker）。

接下来要做的是为项目注册一个 runner。执行器使用 Docker，查看项目的配置信息，可见 GitLab 的域名为 http://172.16.21.220/，runner 注册 Token 为 pd-S-hz1p_kyfFSbxGw6。为该项目注册 runner 的代码如清单 7-1 所示。

清单 7-1　为该项目注册 runner

```
docker run --rm -v /srv/gitlab-runner/config:/etc/gitlab-runner gitlab/gitlab-runner:
v14.1.0
 register \
  --non-interactive \
  --executor "docker" \
  --docker-image alpine:latest \
  --url "http://172.16.21.220/" \
  --registration-token "pd-S-hz1p_kyfFSbxGw6" \
  --description "docker-runner" \
  --tag-list "docker-runner" \
  --run-untagged="true" \
  --locked="false" \
  --access-level="not_protected"
```

注册成功后，开发者就可以在项目的设置中看到该 runner。该 runner 只有一个 tag 为 docker-runner。

接下来要做的是创建.gitlab-ci.yml 文件，相关内容参见第 2 章和第 3 章，此处不再赘述。下面我们着手编写.gitlab-ci.yml 文件的内容。

7.2 定义.gitlab-ci.yml 的公共配置

在编写.gitlab-ci.yml 文件时，首先需要定义流水线的阶段，因为它决定了流水线分为几个阶段执行，以及各个阶段的先后顺序。

由于本次实战需要使用 Node.js 来构建，因此第一个阶段要做的是安装依赖，也就是说，在这一阶段安装项目所需要的依赖包；第二个阶段要做的是测试，会对项目代码进行格式检查；第三个阶段要做的是编译，要将项目编译成静态文件；第四个阶段要做的是部署。

前端项目有很多部署方式。在本章中，我们会介绍几种主流的部署方式。最终流水线的 stages 共有 4 个阶段。清单 7-2 展示了如何定义流水线的阶段。

清单 7-2　定义流水线的阶段

```
stages:
  - install
  - test
  - build
  - deploy
```

7.3 安装阶段

定义好流水线的阶段, 我们开始编写每个阶段中的具体作业, 这时需要使用 Pipeline Editor 进行流水线具体作业的编辑。

流水线的第一个作业是安装项目依赖，即安装项目构建需要的 Node.js 依赖包，这里需要使用 Node.js 的 Docker 镜像作为基础镜像。执行作业的 runner 就使用 7.1 节注册的，其 tag 为 docker-runner。

清单 7-3 展示了如何安装项目依赖的作业。

清单 7-3 安装项目依赖的作业

```
install_job:
  stage: install
  tags:
    - docker-runner
  image: node:12.21.0
  script: npm install
```

编写完成后，直接提交，并查看流水线能否正常运行。如果流水线内容不符合要求，GitLab 的 Web 编辑器是会直接给出提示。提交文件后，流水线会自动运行。进入作业内，查看作业执行日志，如图 7-1 所示。

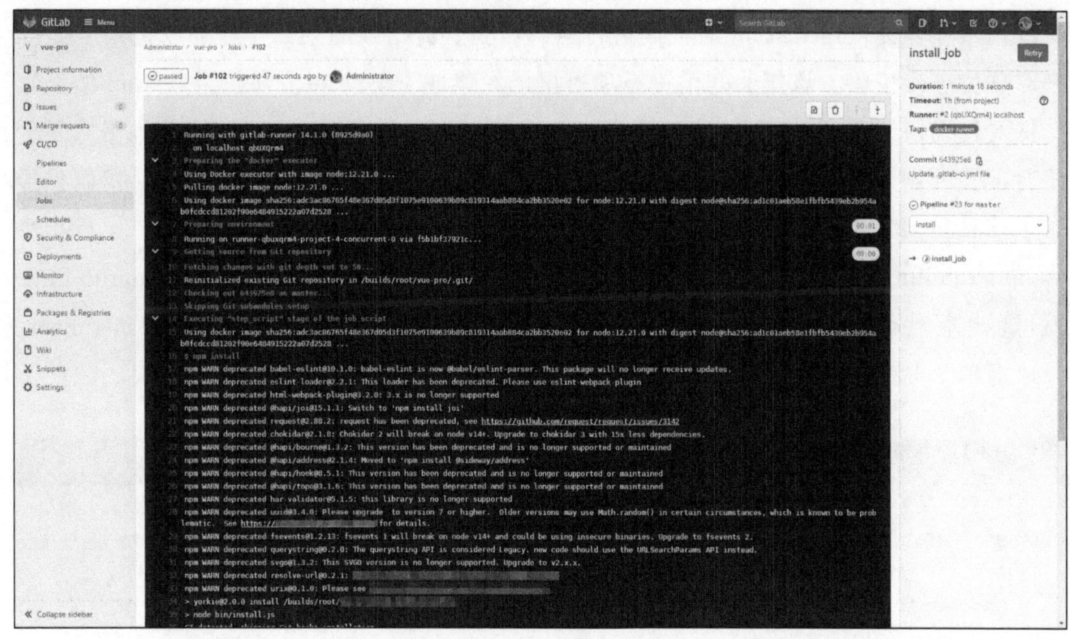

图 7-1 查看作业执行日志

查看作业执行日志，就可以看到 GitLab CI/CD 更为详细的执行流程。根据输出的日志，可以知道作业的执行流程大致如下：根据配置的 runner 的 tags 找到对应的

runner，然后加载作业的基础 Docker 镜像（node:12.21.0），如果第一次运行本地找不到这个镜像，runner 会自动从 Docker Hub 下载到本地。流水线第一次运行有时是比较慢的，特别是当使用的镜像比较大时。

如果项目使用 yarn 来管理依赖包，可以将 npm install 替换为 yarn。如果下载依赖包较慢，还可以指定从淘宝源下载依赖包，命令为 npm install --registry=https://registry.npmmirror.com。至此，安装项目的依赖包作业就完成了。下面我们继续编写其他作业。

7.4 测试阶段

安装完项目的依赖包后，接下来要做的是测试。为了保证项目的编码风格统一，有些前端项目会使用 ESLint 对代码进行格式校验。流水线的第二个作业就是用 ESLint 来对项目进行校验。该作业的前提是项目里已经集成了 ESLint，并使用 ESLint 的配置文件对代码格式做了一些要求。当运行 ESLint 的命令时，ESLint 会验证代码格式是否符合配置的规则，如果不符合，将显示警告并报错。在这里使用的项目中，我们已经做了 ESLint 的相关配置。其中，运行指令定义在项目 package.json 文件中，运行指令为 npm run lint。ESLint 的配置文件是.eslintrc.js。在作业中，只需要运行 npm run lint，就可以进行代码格式校验了。同样，镜像使用 node:12.21.0，runner 使用 docker-runner。

清单 7-4 展示了如何实现代码格式校验作业。

清单 7-4　代码格式校验作业

```
lint_code_style:
  stage: test
  tags:
    - docker-runner
  image: node:12.21.0
  script: npm run lint
```

提交该作业并查看 lint_code_style 作业的运行日志（见图 7-2），发现该作业运行出错。

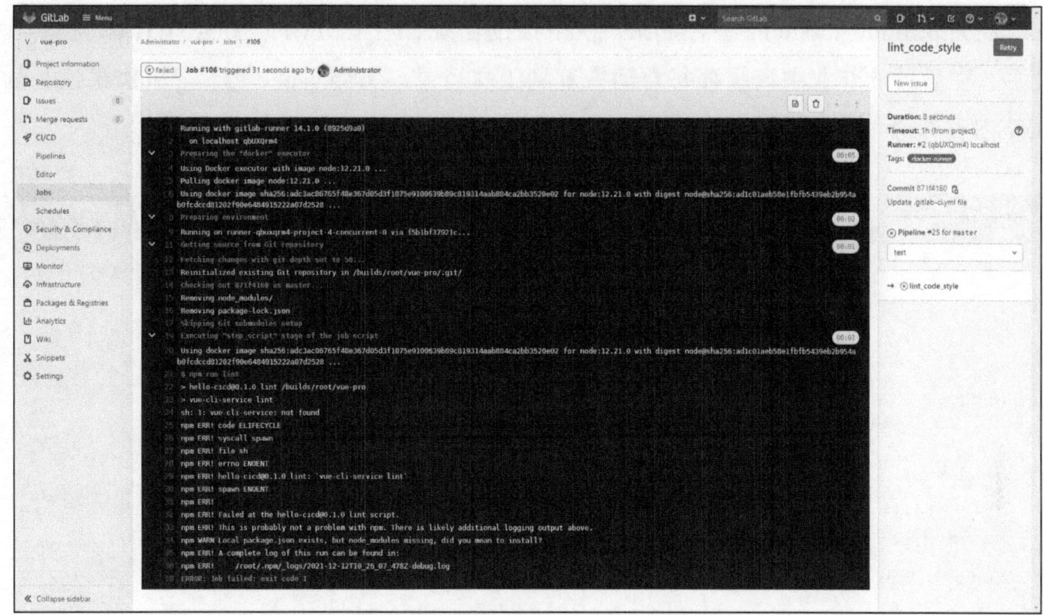

图 7-2 代码格式校验作业报错

从日志可以看出，之所以报错，是因为缺少 vue-cli-service 这个依赖包。但我们在安装阶段已经安装了所有的依赖包，为什么还会找不到包呢？这是因为当 runner 的执行器是 Docker 时，在每次作业运行之初都会进行目录的初始化，每个作业都是在一个全新的容器中运行，所以会找不到上一个作业已经安装的依赖包 node_modules。此外，因为目录 node_modules 是 Git 会忽略的文件，在作业运行前会被删除。作业的执行日志也说明了这一行为。

那么，如何解决上述问题？答案是在.gitlab-ci.yml 文件中，使用 cache 关键词配置前端流水线的缓存，如清单 7-5 所示。

清单 7-5 配置前端流水线的缓存

```
cache:
  - key: $CI_COMMIT_BRANCH
  - paths:
- node_modules
```

将目录 node_modules 缓存起来，使用预设变量 CI_COMMIT_BRANCH 作为 key。随后，在后续的作业中该缓存将自动恢复到工作目录。保存 cache 后，.gitlab-ci.yml 的完整内容如清单 7-6 所示。

清单 7-6 安装与测试阶段代码

```
stages:
  - install
  - test
  - build
  - deploy

cache:
  - key: $CI_COMMIT_BRANCH
  - paths:
    - node_modules

npm_install_job:
  stage: install
  tags:
    - docker-runner
  image: node:12.21.0
  script: npm install

lint_code_style:
  stage: test
  tags:
    - docker-runner
  image: node:12.21.0
  script: npm run lint
```

提交完整的内容后，再次查看流水线的运行状态，可以看到作业已成功运行。代码格式验证作业也成功运行。

缓存生效后在日志中会看到如下句子。

```
Saving cache for successful job
Creating cache default-1...
node_modules: found 27042 matching files and directories
```

```
No URL provided, cache will be not uploaded to shared cache server. Cache will be stored
only locally.
Created cache
```

这些日志表明缓存 node_modules 已经被创建了，并被保存在本地。

7.5 编译阶段

至此，我们已经完成了流水线的安装和测试，接下来进入编译阶段。

该项目的编译命令是 npm run build，也就是说，在根目录执行该指令就能够进行项目编译。这个 build 指令也定义在项目的根目录的 package.json 中。实际执行的是 vue-cli-service build，调用的是 npm 包 vue-cli-service 的 build 指令。

清单 7-7 显示了如何编译项目的作业并存储 dist。

清单 7-7 编译项目的作业并存储 dist

```
build_job:
  stage: build
  tags:
    - docker-runner
  image: node:12.21.0
  script: npm run build
  artifacts:
    paths:
      - dist/
```

执行 npm run build 之后，npm 会编译出一个 dist 目录，部署所用的所有文件都在该目录中。我们需要将该目录存储起来并生成 artifacts，只有这样才能在下一阶段直接部署。配置 artifacts 的 paths 指向工作目录的 dist 目录。

编译作业的日志如图 7-3 所示。

该作业会生成一个 artifacts。用户可以单击右侧的 Download 按钮进行下载，也可以单击 Browse 按钮在线浏览。

编译完成后，得到的是要部署的文件。

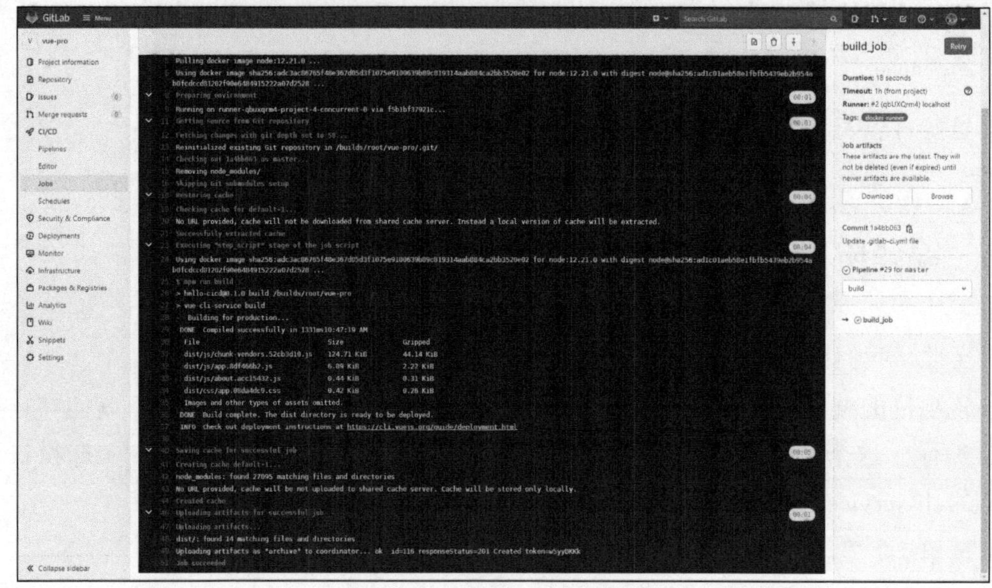

图 7-3　编译作业的日志

7.6　部署阶段

在编译完项目后，我们就可以进行部署了。说到前端项目的部署，现在已经有很多种部署方式供开发者选择，要么使用公有云的对象存储服务配合 CDN 来部署，例如阿里云的 OSS 和华为云的 OBS；要么构建一个 Docker 镜像来部署；抑或上传到远程服务器，使用 nginx 或 Tomcat 部署。这些方式各有优缺点。在本节中，我们不会探讨这些部署方式的优缺点，主要讲介绍如何在 GitLab CI/CD 中实现这些部署方式。

我们会介绍 3 种部署方式，即使用 Docker 部署、使用阿里云 OSS 部署以及上传到远程服务器部署。

7.6.1　使用 Docker 部署

使用 Docker 镜像来部署前端应用，可以“开箱即用”，保证环境的统一。

在 GitLab CI/CD 中构建一个 Docker 镜像，首先要在项目中创建 Dockerfile，构建 Docker 镜像必须要有该文件。由于上一个作业已经构建出了要部署的文件 dist 目录，因此可以在 Dockerfile 中直接获取。Dockerfile 的内容非常简单，如清单 7-8 所示。

清单 7-8　前端项目 Dockerfile

```
FROM nginx:latest

COPY dist /usr/share/nginx/html
```

这里使用 nginx 作为基础镜像，将构建出的 dist 目录下的所有内容复制到镜像 /usr/share/nginx/html 目录下。构建 Docker 镜像作业的代码如清单 7-9 所示。

清单 7-9　构建 Docker 镜像作业

```
build_docker_job:
  stage: deploy
  tags:
    - docker-runner
  image: docker
  script:
    - docker build -t deployimg .
    - docker run -d -p 8080:80 --name myapp deployimg
```

注意，这里的作业需要使用 Docker 作为基础镜像，而不再是 Node 镜像。

将清单 7-10 的作业添加到流水线中。提交后查看构建 Docker 镜像的日志，如图 7-4 所示。

可以看到，主要报错信息如下。

Cannot connect to the Docker daemon at tcp://docker:2375. Is the docker daemon running?

这是因为 docker build ... 的脚本是在 docker 的容器中执行的，并不能链接 Docker daemon。要解决这个问题，只需要在 GitLab Runner 的配置文件中找到所使用的 runner，将 Docker 的目录/var/run/docker.sock 挂载到容器中，进入 GitLab Runner 的配置文件 vim /srv/gitlab-runner/config/config.toml，找到使用的 runner 配置部分，在 volumes 处加上 "/var/run/docker.sock:/var/run/docker.sock"，如图 7-5 所示。

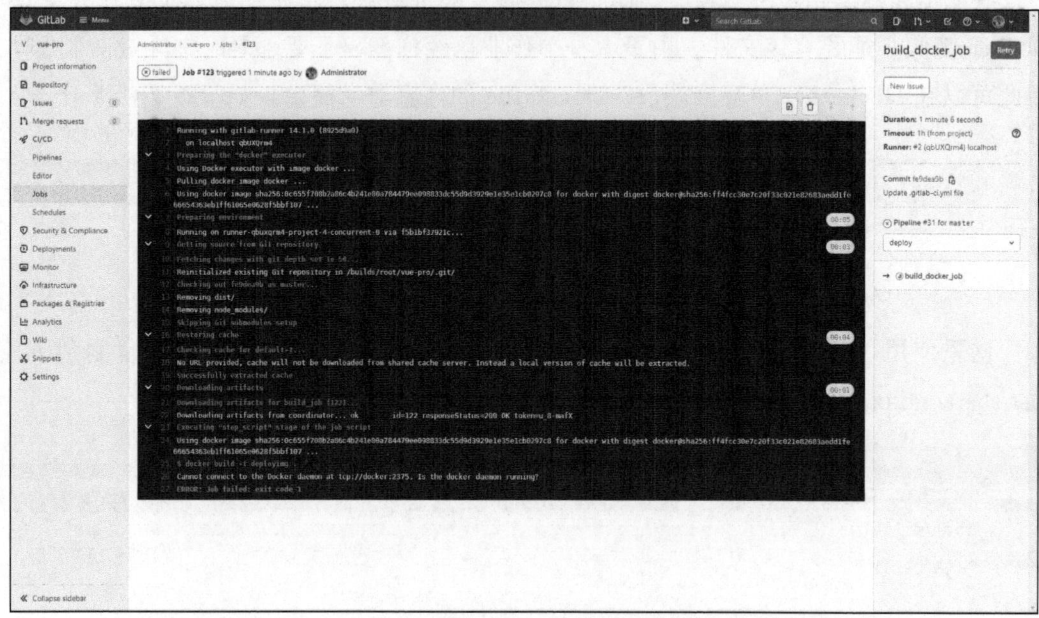

图 7-4　构建 Docker 镜像的日志

```
[[runners]]
  name = "docker-runner"
  url = "http://172.16.21.220/"
  token = "Sm_jnkAKzJsq75fvDriY"
  executor = "docker"
  [runners.custom_build_dir]
  [runners.cache]
    [runners.cache.s3]
    [runners.cache.gcs]
    [runners.cache.azure]
  [runners.docker]
    tls_verify = false
    image = "alpine:latest"
    privileged = false
    disable_entrypoint_overwrite = false
    oom_kill_disable = false
    disable_cache = false
    volumes = ["/cache","/var/run/docker.sock:/var/run/docker.sock"]
    shm_size = 0
```

图 7-5　配置 runner 的 volumes

配置完成后，重新执行流水线，流水线执行成功。

由于使用命令 docker run -d -p 8080:80 --name myapp deployimg 部署项目，因此运行成功

后，将在本地端口 8080 启动前端服务。使用浏览器直接访问地址 http://localhost:8080，即可看到前端页面，如图 7-6 所示。

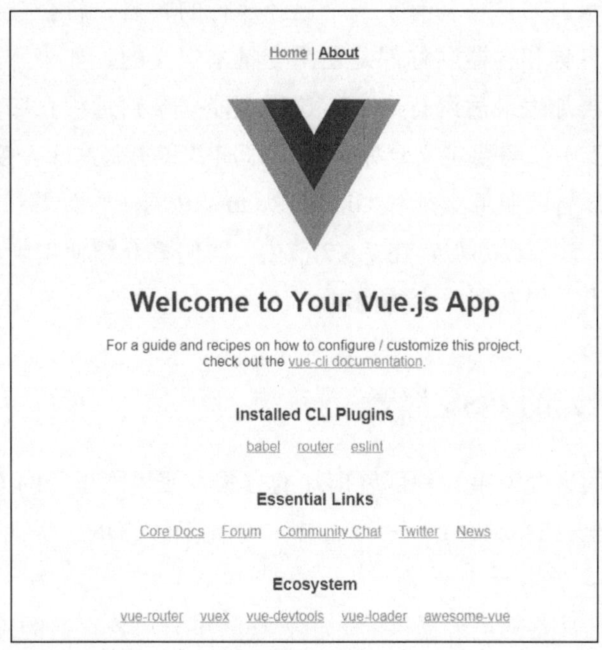

图 7-6　前端页面

清单 7-10 给出了完整的 Docker 部署代码。

清单 7-10　完整的 Docker 部署代码

```
build_docker_job:
  stage: deploy
  image: docker
  variables:
    IMAGE_NAME: "deployimg"
    APP_CONTAINER_NAME: "myapp"
  script:
    - docker build -t $IMAGE_NAME .
    - if [ $(docker ps -aq --filter name=$APP_CONTAINER_NAME) ]; then docker rm -f $APP_
CONTAINER_NAME;fi
```

```
  - docker run -d -p 8080:80 --name $APP_CONTAINER_NAME $IMAGE_NAME
  # - docker login -u $HARBOR_USERNAME -p $HARBOR_PWD $HARBOR_SERVER
  # - docker push $IMAGE_NAME
```

如上述例子所示，如果当前有了一个已经运行的容器，将会被删除，使用新的镜像重新启动。镜像名称和容器名称都是使用变量来定义的。如果开发者想将镜像推送到镜像仓库，可以再加上最后两行命令，这样就能登录到远程仓库，将镜像推送到远程仓库——在这一步中，需要定义仓库地址、账户名和密码这 3 个变量。

使用这种方式部署的服务必须和 GitLab Runner 在同一台计算机上。如果想要在另一台计算机上部署，该怎么办呢？在 7.6.2 节中，我们将介绍使用阿里云的 OSS 部署，通过在远程服务器上部署来解决上述问题。

7.6.2　使用阿里云的 OSS 部署

在本节中，我们将介绍第二种部署前端的方式：使用阿里云的 OSS 部署。这种部署方式主要使用阿里云的 ossutil 命令行工具，可以搭配 CDN，实现更低的网络延迟和丢包率。

ossutil 命令行工具是阿里云提供的一个管理阿里云对象存储的工具，可以在配置用户密钥的情况下对账号下 OSS 资源进行管理，包括上传、删除、创建和查询。

要使用 ossutil 命令行工具，必须配置用户的 AccessKey ID 与 AccessKey Secret，并指定 Bucket 对应的 Endpoint。阿里云 AccessKey 管理入口如图 7-7 所示。

进入 AccessKey 管理，创建一个 AccessKey，并将 AccessKey ID 与 AccessKey Secret 下载，配置到 CI/CD 的变量中。

变量对应关系：OSSAccessKeyID 代表 AccessKey ID，OSSAccessKeySecret 代表 AccessKey Secret。

接下来要做的是创建一个用于部署前端项目的 Bucket。这里我们不予详述，仅将 Bucket 设置为公共读写，获取到 OSS 地址以及 Bucket 的外网 Endpoint，并配置静态网站托管，将首页设置为 index.html。

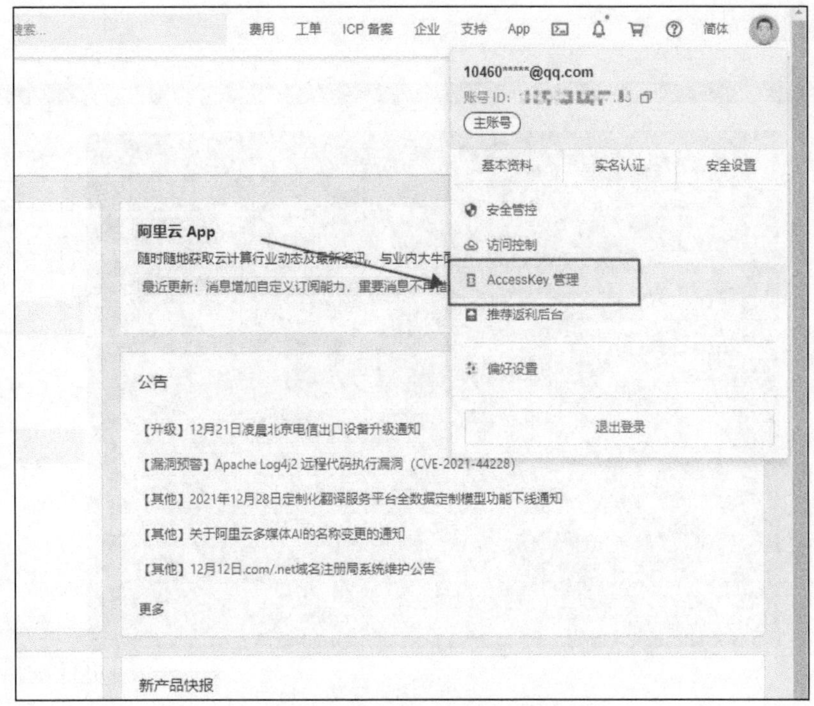

图 7-7　阿里云 AccessKey 管理入口

部署到 OSS 的作业的代码如清单 7-11 所示。

清单 7-11　部署到 OSS 的作业

```
deploy-test-alioss:
  stage: deploy
  script:
    - wget --no-check-certificate
    - chmod 755 ossutil64
    - ./ossutil64 config -e ${OSSEndPoint} -i ${OSSAccessKeyID} -k ${OSSAccessKeySecret}
 -L CH --loglevel debug -c ~/.ossutilconfig
    - ./ossutil64 -c ~/.ossutilconfig cp -r -f dist oss://topfe/
    - echo 'deploy alioss success'
```

提交后查看作业的运行日志，可以看到作业运行成功，如图 7-8 所示。

需要部署的文件已经上传到 topfe 这个 Bucket 中。打开阿里云的控制台，开发者就能看到最新上传的文件。

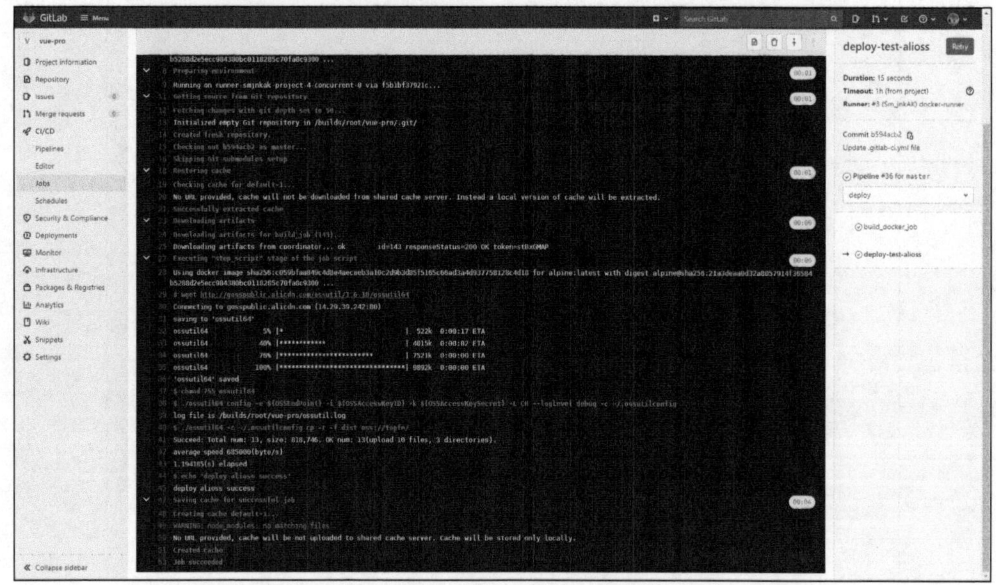

图 7-8　上传 OSS 成功的日志

至此，使用阿里云的 OSS 部署就结束了，如果要访问网站，还需要配置一个已经备案的域名。除了使用阿里云 OSS 部署项目，有些公司也会使用腾讯云的 COS 或者华为云的 OBS 来部署前端项目，在 GitLab CI/CD 中的操作大同小异，都是使用官方提供的命令行工具，并配置权限，以此实现自动覆盖批量上传。

7.6.3　远程服务器部署

第三种部署方式是将构建出的前端 artifacts 上传到远程服务器的某个目录进行部署，该目录已经使用 nginx 做了映射，作为网站的根目录。这种方式需要在安装 GitLab Runner 的主机与部署的主机之间配置免密登录，因为在 CI/CD 的过程中是没有地方让用户输入账号与密码的。

在编写部署作业前，我们先配置两台计算机的免密登录，从本地计算机到服务器 120.77.178.9。

首先在本地 Linux 主机上执行 ssh-keygen -t rsa -b 2048 命令，生成公钥和私钥。

在执行代码时，请勿输入其他东西，一直按 Enter 键即可。最后，开发者可以在~/.ssh 目录下找到私钥 id_rsa 文件和公钥 id_rsa.pub 文件，并将公钥上传到要免密登录的服务器 120.77.178.9 上（见清单 7-12）。

清单 7-12　上传公钥到服务器

```
cd ~/.ssh
scp id_rsa.pub  root@120.77.178.9:/root/.ssh/authorized_keys
```

使用 scp 命令将公钥 id_rsa.pub 上传到服务器的 authorized_keys 文件中。注意，首次上传需要登录密码，并且保存指纹。复制完成后，就能实现免密登录了。如果配置正确，再次执行 ssh root@120.77.178.9 命令，就能直接登录远程服务器。

配置完免密登录，开发者需要将密钥 id_rsa 的内容配置到 CI/CD 的变量中，即复制 id_rsa 的内容，将其添加到 CI/CD 变量中。注意，复制时格式要保持一致。变量名使用 SSH_PRIVATE_KEY。

下面我们开始编写具体的流水线作业，由于 GitLab Runner 是使用 Docker 启动的，因此需要在容器中也做一些免密登录的配置。具体做法是：安装 openssh-client，将密钥复制到容器的 ssh-agent 中，配置 known_hosts 权限，如清单 7-13 所示。

清单 7-13　上传文件到远程服务器

```
deploy_server_job:
  stage: deploy
  variables:
    SERVER_IP: "120.77.178.9"
  image: ubuntu
  before_script:
    - 'command -v ssh-agent >/dev/null || ( apt-get update -y && apt-get install opens
sh-client -y )'
    - eval $(ssh-agent -s)
    - echo "$SSH_PRIVATE_KEY" | tr -d '\r' | ssh-add -
    - mkdir -p ~/.ssh
    - chmod 700 ~/.ssh
    - ssh-keyscan ${SERVER_IP} >> ~/.ssh/known_hosts
    - chmod 644 ~/.ssh/known_hosts
```

```
  script:
    - scp -r public root@${SERVER_IP}:/usr/local/www
```

编写完成后，保存运行，并查看作业运行日志。上传文件到远程服务器的日志如图 7-9 所示。

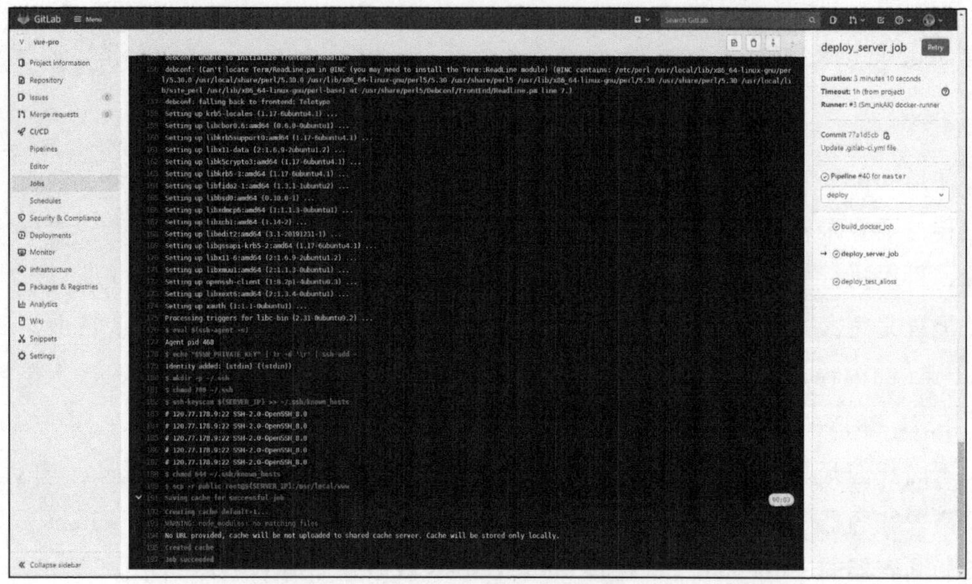

图 7-9 上传文件到远程服务器的日志

这种方式扩展性很好，可以将项目部署到任何一台服务器上。在上述例子中，我们只是将前端构建出的 dist 目录通过 scp 命令上传到远程服务的特定目录。开发者还可以直接免密登录远程服务，执行一些 Shell 脚本或者命令，例如 ssh 120.77.178.9 "sh /Web/deploy.sh 30027 vue-pro "，在登录到远程服务器 120.77.178.9 后，可以执行一个部署脚本，并携带两个参数。利用这种方法，开发者很容易重启 nginx 或更新 Docker 容器。

7.7 流水线优化

在本节中，我们要做的是流水线优化工作，包括提取公共配置、多环境部署、自动取消旧流水线、部署冻结、定时部署以及在线调试流水线。

7.7.1 提取公共配置

我们看到在流水线中每个作业都定义了 tags 以及 image。为了方便，我们可以使用关键词 default 来提取一些公共配置，如清单 7-14 所示。

清单 7-14 提取公共配置

```
default:
  tags:
       - docker-runner
  image: node:12.21.0
  cache:
  key: $CI_COMMIT_BRANCH
      paths:
        - node_modules
```

default 模块设置的参数会被具体作业设置的参数覆盖。如果开发者在某个作业上设置了 image，那么它将覆盖 default 中的 image 配置值，且只对当前作业生效。这样提取公共的配置后，格式会更加整洁，也会使后续修改更为方便。可以提取到 default 下的配置参见 5.5 节。

7.7.2 多环境部署

一般情况下，一个项目会有多个运行环境，如用于前后联调接口的开发环境，用于测试人员验证的测试环境，以及对外的生产环境。那么，CI/CD 的流水线如何支持多环境部署的场景呢？

其实，每个项目的构建都是一致的，在部署的时候只是分支不一样，因此开发者只需要在部署作业上针对环境与分支设置不同的绑定关系。例如，开发环境使用 dev 分支，测试环境使用 test 分支，正式环境使用 master 分支。开发者还可以在部署不同环境时指定不同的 environment，以方便不同部署环境的管理。

这样一个部署动作就有了 3 个作业，相应地分别部署到不同的环境，如清单 7-15 所示。

清单 7-15 多环境部署示例

```
deploy_dev_job:
  stage: deploy
  script: echo 'deploy dev'
  only:
    - dev

deploy_test_job:
  stage: deploy
  script: echo 'deploy test'
  only:
    - test

deploy_pro_job:
  stage: deploy
  script: echo 'deploy pro'
  only:
    - master
```

每个部署作业都可以使用不同的部署方式、不同的参数，非常方便、灵活。

有的开发者会觉得编写 3 个部署作业比较麻烦，于是就在 script 中获取当前的改动分支，使用分支来判断具体部署到哪个环境。这也是一种部署方案，但它不太符合单一职能的原则。将过多的业务逻辑写到 script 中会让流水线的逻辑变得一团糟，并且不容易调试和扩展。

7.7.3 自动取消旧流水线

在流水线运行时，有这样一种场景：一名开发人员在 A 分支推送了一个 commit，触发了流水线。过了 1 分钟，另一名开发人员也在 A 分支推送了一个 commit，也触发了一条流水线。这样在一个分支上就有两条流水线同时在运行。这样会造成计算资源的浪费，因为两条流水线部署的时间很接近。此外，考虑到异常情况，有可能第一次推送的代码会最后才被部署。那么，如何避免出现这种问题呢?

在这种情况下，可以使用 GitLab CI/CD 的自动取消旧流水线的功能。具体做法是：使用关键词 interruptible，在项目的 CI/CD 配置页面，勾选选项 Auto-cancel redundant pipelines 启用自动取消旧流水线功能，如图 7-10 所示。

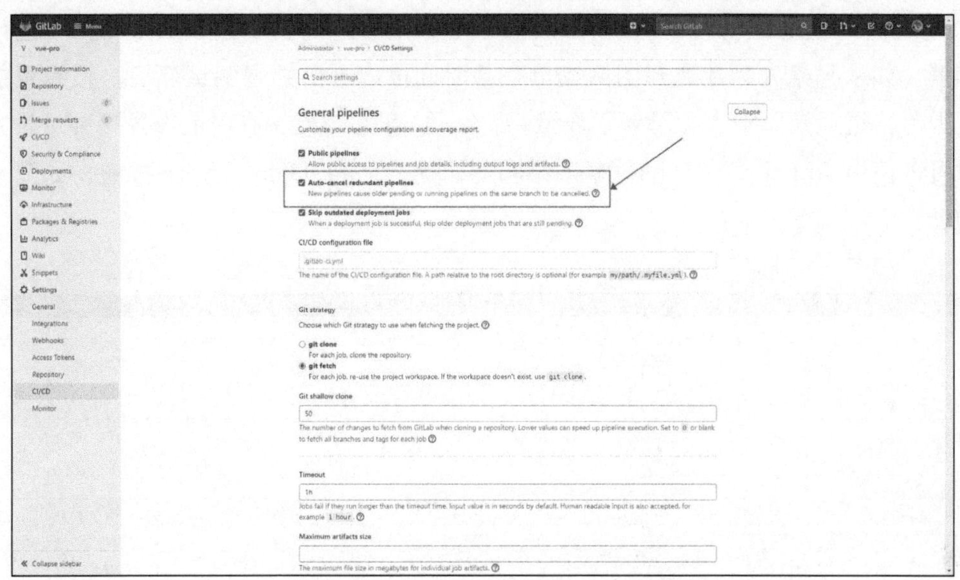

图 7-10　启用自动取消旧流水线功能

勾选该选项后，再使用 interruptible 改造项目的流水线。注意，若不勾选该选项，单独使用 interruptible 将无法生效。在项目的 install_job 作业上设置这一属性的代码如清单 7-16 所示。

清单 7-16　使用 interruptible 配置编译作业

```
install_job:
  stage: install
  script: npm install
  interruptible: true
```

这样配置后，如果旧的流水线还在执行 install_job 或者处于 pending 状态，那么这时它会被取消。如果想让所有作业都可以被新流水线阻断，那么可以在 default 上设置 interruptible: true。

7.7.4　部署冻结

有这样一种场景：产品经理要使用测试环境进行产品演示，在演示期间不允许进行部署。如果只是人为地通知团队成员在某时间段内不要部署测试环境，很有可能会有人因为错过通知而不小心部署了环境。那么，如何在 CI/CD 流程上部署这种场景呢？这时可以使用 GitLab CI/CD 的部署冻结功能。单击 Add deploy freeze 按钮，如图 7-11 所示。

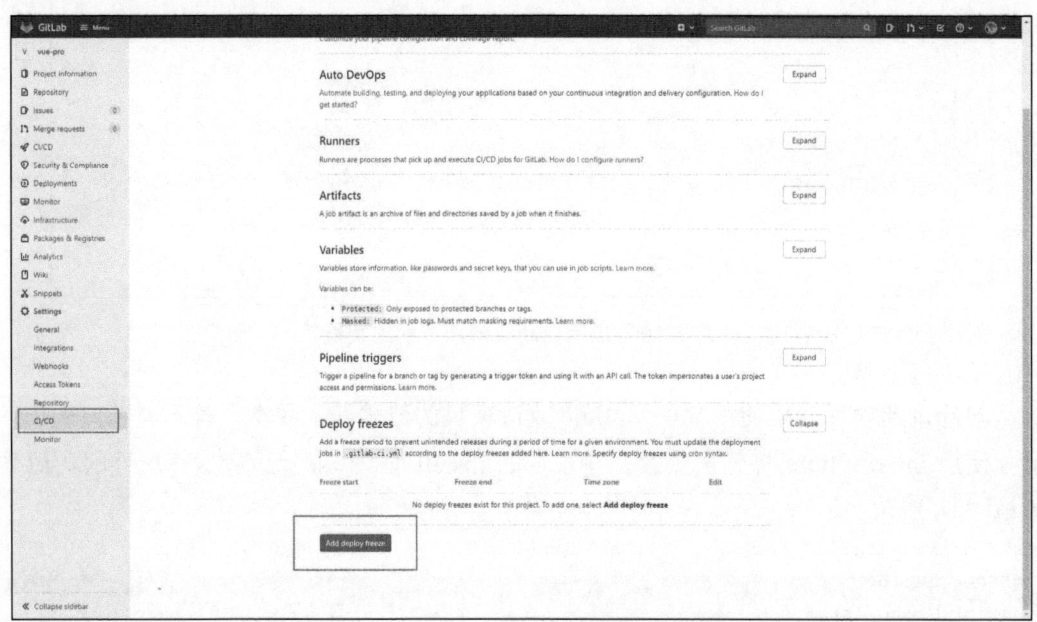

图 7-11　配置部署冻结

执行上述操作后，界面上就会出现添加部署冻结的 Edit deploy freeze 对话框，如图 7-12 所示。

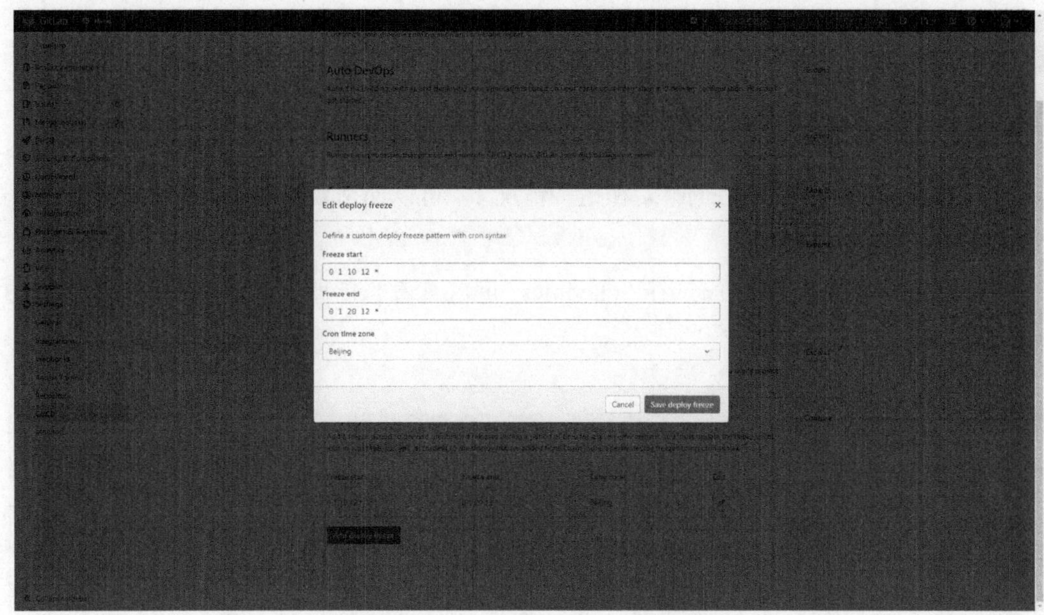

图 7-12 Edit deploy freeze 对话框

我们用 Cron 表达式来定义一个时间段，这里的 Cron 表达式共有 5 个值，从第一个起分别代表分钟、小时、天、月和年，*代表补位。对于图 7-12 中的例子，其含义是“北京时间每年的 12 月 10 日凌晨 1 点 0 分到每年的 12 月 20 日凌晨 1 点 0 分”。

配置部署冻结后，CI/CD 将在该段时间内向流水线中注入一个名为 CI_DEPLOY_FREEZE 的变量。在部署作业下，通过判断该作业是否为 null 即可实现部署冻结，如清单 7-17 所示。

清单 7-17 部署冻结例子

```
build_docker_job:
  stage: deploy
  script: echo 'start deploy'
  rules:
    - if: $CI_DEPLOY_FREEZE == null
```

在冻结部署的时间段内，该作业不会被显示，更不会被运行。

7.7.5 定时部署

在持续部署的过程中，开发者经常会遇到定时部署的需求，比如每天上班前使用 dev 分支部署一次最新的开发环境，在这种情况下，可以使用 GitLab CI/CD 的 Scheduling Pipelines 来实现定时部署。

在项目 CI/CD 的菜单下，选择 Schedules，可以查看当前所有的定时部署，如图 7-13 所示。

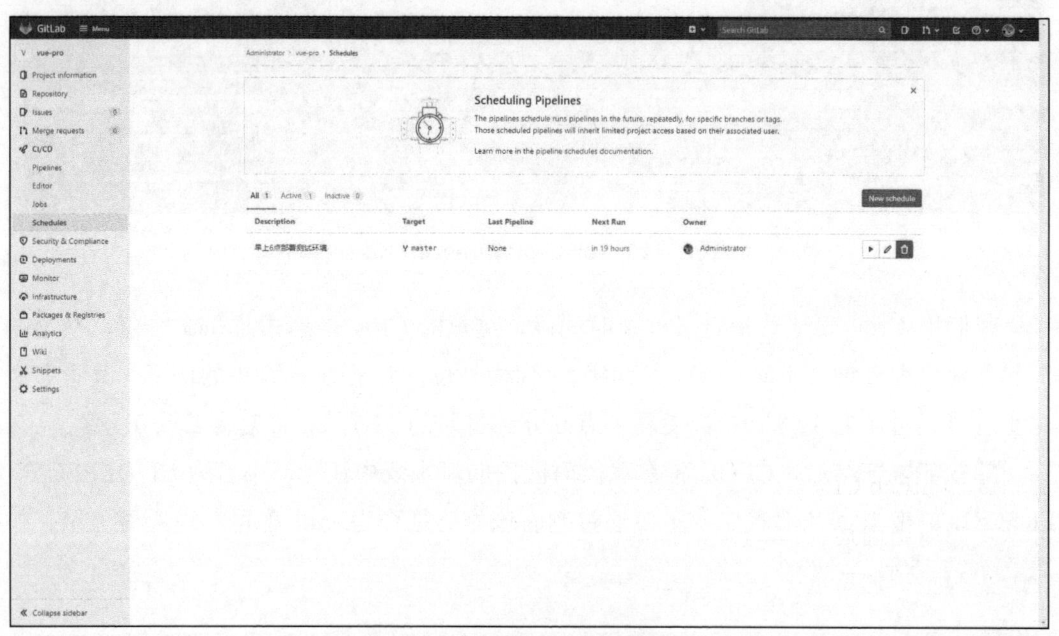

图 7-13 定时流水线管理页面

单击 New schedule 按钮，就可以添加定时流水线，如图 7-14 所示。

对于每一条定时流水线，开发者都需要设置名称、循环触发的时间以及时区，也可以在定时流水线中添加一些变量，用于实现定时流水线中的特殊逻辑。如果要关闭某条定时流水线，只需取消勾选 Active。此外，触发时间点可以使用 Cron 表达式。

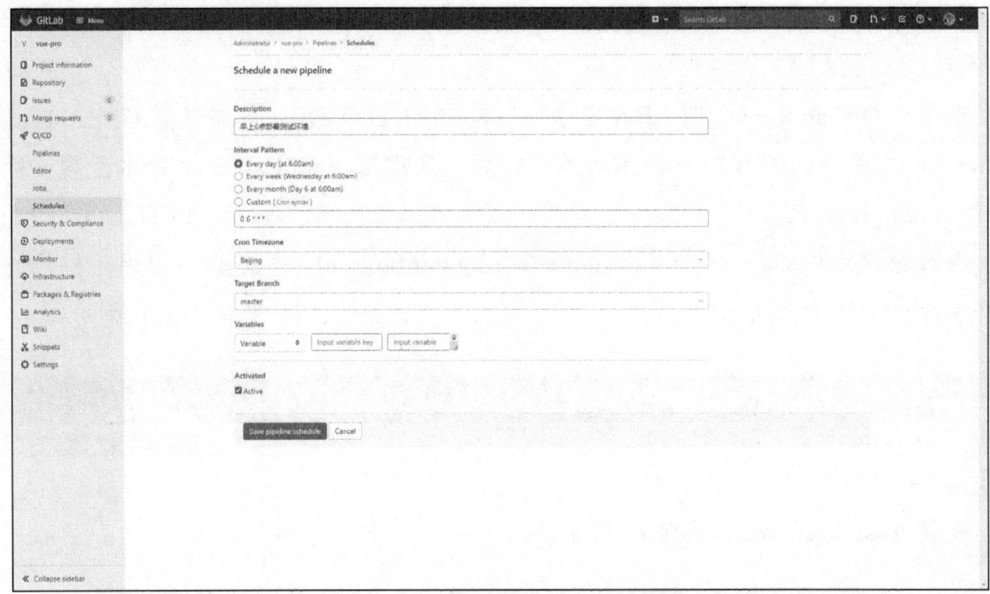

图 7-14 添加定时流水线

7.7.6 在线调试流水线

由于流水线是自动执行或手动触发的，因此对于一些比较复杂的业务流程，开发者需要进入流水线的环境实施调试，以及查看当前的文件及其状态。为了方便开发人员调试，GitLab CI/CD 支持在线调试流水线，通过 Web 页面进入流水线的交互控制台，可以直接在当前运行的流水线中输入指令进行调试。

在线调试的特性，只有 Docker 和 Kubernetes 执行器支持。下面我们以 Docker 执行器为例演示如何实施在线调试。

在使用 Docker 安装 GitLab Runner 时，需要指向一个端口，这个端口是 GitLab Runner 对外暴露的服务端口。容器内端口是 8093。清单 7-18 展示了如何映射 GitLab Runner 服务端口的安装方式。

清单 7-18 映射 GitLab Runner 服务端口的安装方式

```
docker run -d --name gitlab-runner -p 8093:8093 --restart always \
  -v /srv/gitlab-runner/config:/etc/gitlab-runner \
```

```
-v /var/run/docker.sock:/var/run/docker.sock \
gitlab/gitlab-runner:v14.1.0
```

在运行 GitLab Runner 时，请注意增加-p 8093:8093 参数，以此来暴露 GitLab Runner 的 Session 服务。GitLab Runner 的容器运行后，还需要在 GitLab Runner 的配置文件中配置 session_server。

编辑配置文件 sudo /srv/gitlab-runner/config/config.toml，将清单 7-19 所示的代码添加到 session_server 区块中。

清单 7-19　配置 GitLab Runner 的 session_server

```
listen_address = "[::]:8093"
advertise_address = "172.16.21.220:8093"
```

配置 session_server 如图 7-15 所示。

```
concurrent = 10
check_interval = 0

[session_server]
  session_timeout = 1800
  listen_address = "[::]:8093"
  advertise_address = "172.16.21.220:8093"

[[runners]]
```

图 7-15　配置 session_server

其中，172.16.21.220 是计算机的 IP 地址，listen_address 是 session 服务的内部访问地址。advertise_address 是 session 服务的对外地址，由 GitLab Runner 提供给 GitLab，如果没有定义，则会使用 listen_address。session_timeout 是 session 存活的时间，单位为秒，默认为 1800。如果一个作业在 10 分钟之内就完成了，则 session 就只能存活 10 分钟，无法在进入该作业进行调试。

配置好 session_server 后，需要重启 GitLab Runner 的容器，这就需要使用 docker restart gitlab-runner 命令。

重启 GitLab Runner 容器后，我们将流水线的第一个作业运行时间设置得长一些，以便进行在线调试。在 script 中加上 sleep 600 以睡眠 600 秒（10 分钟），然后运行流水线。进入作业执行日志详情页，可以看到如图 7-16 所示的页面。

在该页面的右上角有一个 Debug 的按钮，这就是当前作业的调试控制台入口。单击该按钮，就会跳转到在线调试交互控制台，如图 7-17 所示。

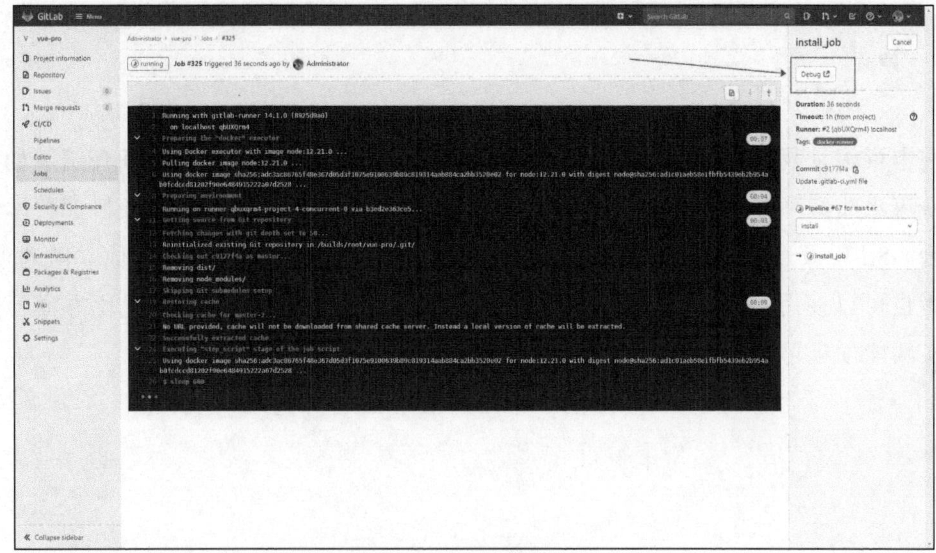

图 7-16 在线调试入口

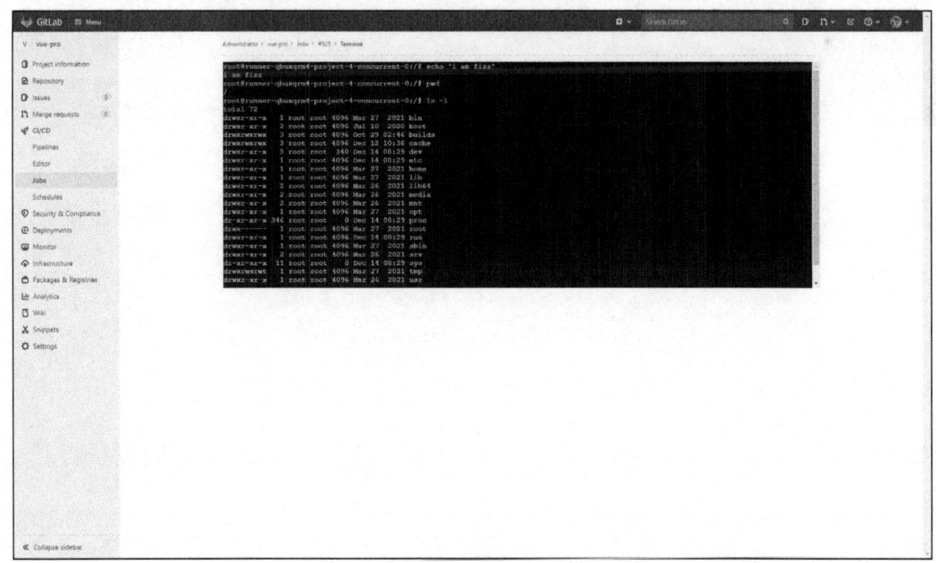

图 7-17 在线调试交互控制台

在该控制台输入的命令将直接在作业运行的工作目录内执行，这对于调试非常方便。

7.8　小结

在本章中，我们通过一个前端项目来介绍 GitLab CI/CD 实战，详细介绍了如何解决前端流水线编写过程中的各种问题，最后介绍了使用 3 种手段将该项目部署本机、阿里云 OSS 以及远程服务器，对部署环节做了一次横向的扩展。对于其他非前端项目，开发者也可以使用其中的方案进行部署。我们还针对项目提出了不少优化方案，这些最佳实践能使项目的流水线变得更加可靠、稳定。

第 8 章 Java 复杂微服务应用的 CI/CD 方案

在本章中，我们将和大家一起实践有关复杂应用的 CI/CD 方案。一个大型应用的背后往往是一个非常复杂的系统架构，有的应用前端与后端同在一个 Git 项目里，有的应用使用微服务架构。一个应用系统包含很多个项目，其中又有依赖关系，有的应用作为基础服务被其他服务依赖。这些错综复杂的关系让 CI/CD 变得没有那么简单。下面让我们一起来探讨如何使用 GitLab CI/CD 来提升这些项目的构建部署效率。

8.1 复杂应用现状

随着业务系统的不断发展、更新，应用软件的架构也在不断变得复杂。有些系统为了便于维护，在设计之初前、后端是不分离的，前端代码与后端代码同在一个 Git 项目里；有的项目为了实现高可用、方便扩展，采用了将大型应用拆分为多个微服务的架构；此外也有项目将多个微服务后端与前端，再加上数据库都放到一个项目里，如开源项目 ThingsBoard 和 GitLab。大型应用的不断迭代、更新，以及业务场景的不断复杂化，最终造就了多种多样的软件架构。为了实现更快的交付速度，有些应用在部署方式上也会提供很多的选择，如单镜像部署、微服务架构部署、Kubernetes 集群部署、应用商店部署，不同的部署方式要求项目在发版时输出不同的 artifacts。如果这些复杂的应用发布全靠人工去构建，那么部署将是一件非常痛苦的事情。下面我们来探讨如何使用 GitLab CI/CD 来解决复杂应用构建部署的问题。

8.2 CI/CD 方案

使用 GitLab CI/CD 来构建部署复杂应用，首先需要搞清楚应用或者服务之间的依赖关系，并拆分出该应用系统需要多少种部署方案、需要应对哪些部署环境，这些都是需要考虑清楚的。下面我们总结一下复杂应用的构建部署问题及解决途径。

1．一个 Git 仓库项目包含前端、后端两个应用，如何独立构建、部署？

在这种情况下可以使用 rule：change 来处理。前端应用的代码变更后触发前端流水线的作业，后端应用的代码变更后触发后端流水线的作业。

2．一个 Git 仓库项目包含前端、后端两个应用，如何构建出单一镜像？

构建单一镜像能够使软件部署更加快速，这是增效降本的有效手段。为了实现这一目的，需要先将前端构建，然后将用于部署前端的 artifacts（一般是静态资源，如 HTML、JavaScript、CSS 文件）复制到后端应用对应的静态文件目录，最后再统一构建出单一的镜像或其他安装包。

3．如何解决多服务、多项目的大型应用构建部署问题?

如果一个大型应用拆分为 5 个应用 A、B、C、D、E，每个应用对应一个微服务，同时这 5 个应用对应 5 个 GitLab 项目。其中应用 A 是公共基础模块，所有应用都依赖它，并且应用 B 依赖其他 4 个应用。在这种情况下就必须要使用跨项目流水线，使用关键词 trigger 来触发其他项目流水线。流水线开端要从最基础的应用 A 开始，将应用 A 构建后,会产生一个 artifacts,以供其他服务使用。GitLab CI/CD 支持跨项目的 artifacts 获取，但这个功能付费版才提供。如果开发者使用的是免费版，可以将 artifacts 存储到本地或者上传到云端，等到要使用时再从合适的地方获取。这可能需要针对不同的场景编写不同的 Dockerfile 或者构建命令。

8.3 菲兹商城项目

下面我们通过一个项目来演示如何做复杂应用的构建部署方案。这个项目名叫作菲兹商城,即 fizz-mall。本项目的代码参见 https://gitlab.com/PmcFizz/GitLab-CI-CD/tree/master/fizz-mall。该项目后端服务使用 Spring Boot 搭建，前端应用使用 React 搭建。项目的结构是 fizz-mall 的根目录下包含 fizz-service 与 fizz-ui 两个目录。fizz-service 目录存储的是后端代码，使用 Spring Boot 搭建的后端服务，为项目提供接口支持；fizz-ui 目录存储的是前端代码，基于 React 架构搭建的前端服务，为项目提供 UI 支持。下面我们详细介绍 Spring Boot 后端应用和 React 前端应用。

8.3.1 Spring Boot 后端应用

在项目 fizz-mall 中，后端应用 fizz-service 是用 Spring Boot 搭建的，所涉及的技术栈有 Java、Maven 和 Spring Boot。

要在主机启动该项目，需要安装 JDK 与 Maven，并且配置环境变量，如图 8-1 所示。

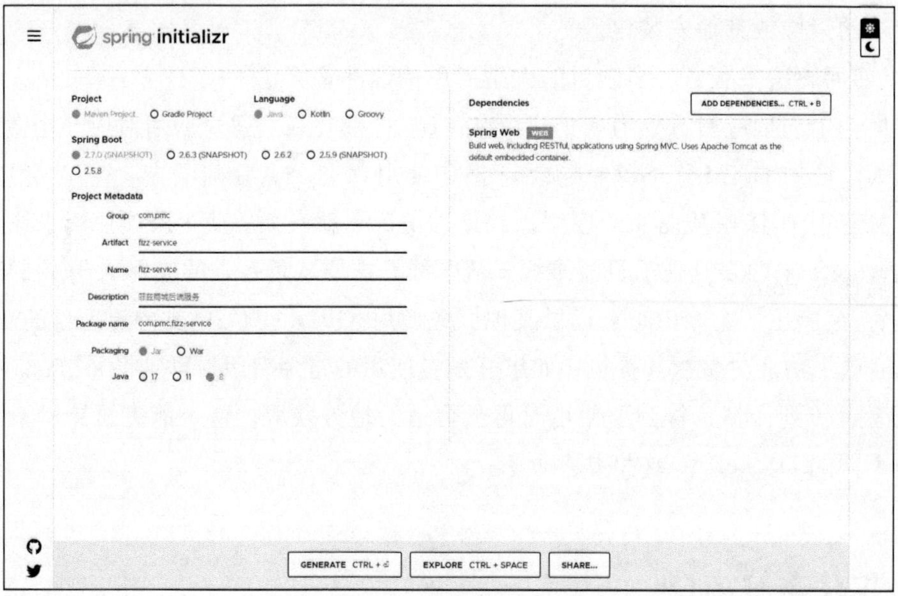

图 8-1　创建 fizz-service

创建项目后，我们需要对其中的代码稍做一些修改。打开项目后将 FizzService Application.java 文件修改为清单 8-1 所示的内容。

清单 8-1　FizzServiceApplication.java 的内容

```
package com.pmc.fizzservice;

import org.springframework.boot.SpringApplication;
import org.springframework.boot.autoconfigure.SpringBootApplication;
import org.springframework.Web.bind.annotation.GetMapping;
import org.springframework.Web.bind.annotation.RestController;

@SpringBootApplication
@RestController
public class FizzServiceApplication {

  @GetMapping("/")
  String home() {
    return "Spring is here!";
```

```
    }

    public static void main(String[] args) {
        SpringApplication.run(FizzServiceApplication.class, args);
    }

}
```

然后修改 pom.xml 文件中的 build 节点，增加一个 finalName 节点，代码如清单 8-2 所示。

清单 8-2 修改 pom.xml 的 build 节点

```
<build>
  <finalName>fizz-service</finalName>
......
</build>
```

如此配置完成后，进入 fizz-service 目录执行 mvn package 命令进行构建，该操作会为项目构建出一个 fizz-service.jar 包。随后执行 mvn spring-boot:run 命令，就能够在本地将项目运行起来。服务端口默认为 8080，应用启动后，使用浏览器打开 http://localhost:8080/就可以看到“Spring is here! ”的字样。该项目的 Dockerfile 如清单 8-3 所示。

清单 8-3 fizz-service 的 Dockerfile

```
FROM maven:3-jdk-8-alpine
ARG JAR_FILE
COPY ${JAR_FILE} app.jar
ENTRYPOINT ["java","-jar","app.jar"]
```

基于 maven 基础镜像，在构建时传入一个 JAR 包文件，并将其重命名为 app.jar。最后将 ["java","-jar","app.jar"] 当作容器入口，容器暴露端口默认为 8080。

8.3.2 React 前端应用

在 fizz-mall 项目里，fizz-ui 目录存放的是前端应用所有的代码，这是一个使用

create-react-app 脚手架搭建的 React 应用。要运行此项目，开发者必须安装 Node.js 并安装相关依赖包。在 fizz-ui 目录下执行 yarn 命令来安装项目依赖包，安装完成后执行 yarn start 命令，就能够在本地将项目运行起来。使用浏览器打开 http://localhost:3000/，如图 8-2 所示。

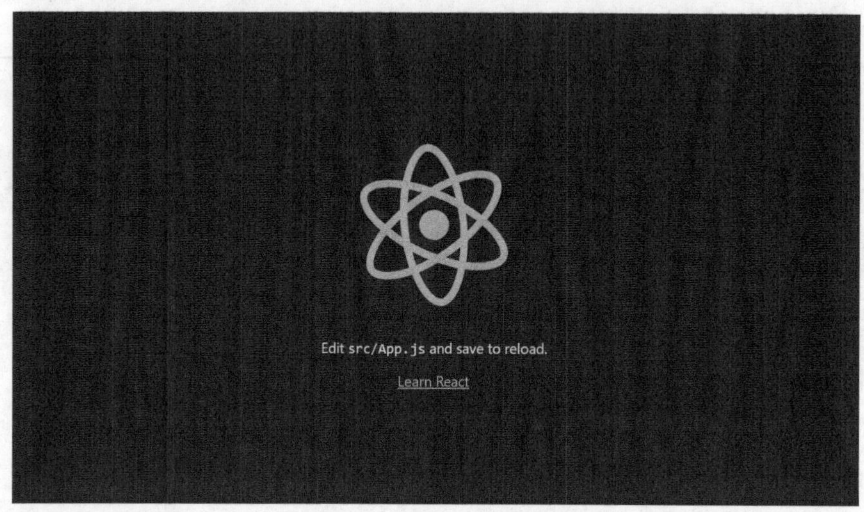

图 8-2　访问前端应用

构建前端应用需要进入 fizz-ui 目录，执行 yarn build 命令。执行后，fizz-ui 目录下会多出一个 build 目录，该目录下的所有文件就是用于部署的全部文件。此外，该项目用于构建 Docker 镜像的 Dockerfile 内容如清单 8-4 所示。

清单 8-4　fizz-ui 的 Dockerfile 内容

```
FROM nginx:latest

COPY build /usr/share/nginx/html
```

构建前端镜像时使用 nginx 作为基础镜像，只需要将 build 目录中的所有文件复制到 nginx 镜像的/usr/share/nginx/html 目录即可，容器默认暴露端口为 80。

8.4　前、后端单独构建的流水线

有时由于项目开发的需要，在开发和测试期间，需要在开发环境和测试环境前、后端单独部署。这意味着对前端应用构建出一个镜像进行单独部署，对后端应用也需要构建出一个镜像进行单独部署。两个构建是相互独立的。此外，为了保证效率，只有修改了 fizz-service 目录的文件才会去构建部署 fizz-service 应用，只有修改了 fizz-ui 目录的文件才会去构建部署 fizz-ui 应用。由于这种情况没有应用依赖关系，因此比较好写。

流水线全局配置如清单 8-5 所示。

清单 8-5　流水线全局配置

```
stages:
  - install
  - test
  - build
  - package
  - deploy

variables:
  MAVEN_OPTS: "-Dmaven.repo.local=.m2"

default:
  tags:
    - docker-runner
```

fizz-service 的流水线部分如清单 8-6 所示。

清单 8-6　fizz-service 的流水线部分

```
.service-job-config:
  image: maven:3-jdk-8-alpine
  before_script:
    - cd fizz-service
```

```
  cache:
    key:
      files:
        - fizz-service/pom.xml
      prefix: service
    paths:
      - fizz-service/.m2
  rules:
    - if: '$CI_COMMIT_BRANCH == "test" || $CI_COMMIT_BRANCH == "dev"'
      changes:
        - fizz-service/**/*

service-install:
  stage: install
  extends: [.service-job-config]
  script:
    - mvn install

service-test:
  stage: test
  extends: [.service-job-config]
  script:
    - mvn test
  cache:
    policy: pull

service-package:
  stage: package
  extends: [.service-job-config]
  script:
    - mvn clean package -Dmaven.test.skip=true
  artifacts:
    paths:
      - fizz-service/target/*.jar
  cache:
    policy: pull

service-docker-deploy:
  stage: deploy
```

```
  extends: [.service-job-config]
  cache: []
  variables:
    IMAGE_NAME: "fizz-service"
    APP_CONTAINER_NAME: "fizz-service-app"
  image: docker
  script:
    - docker build --build-arg JAR_FILE=target/fizz-service.jar -t $IMAGE_NAME .
    - if [ $(docker ps -aq --filter name=$APP_CONTAINER_NAME) ]; then docker rm -f $APP_
CONTAINER_NAME;fi
    - docker run -d -p 8080:8080 --name $APP_CONTAINER_NAME $IMAGE_NAME
  environment: test
  resource_group: test
```

fizz-ui 的流水线部分如清单 8-7 所示。

清单 8-7　fizz-ui 的流水线部分

```
.ui-job-config:
  image: node:14.17.0-alpine
  before_script:
    - cd fizz-ui
  cache:
    key:
      files:
        - fizz-ui/yarn.lock
      prefix: ui
    paths:
      - fizz-ui/node_modules
  rules:
    - if: '$CI_COMMIT_BRANCH == "test" || $CI_COMMIT_BRANCH == "dev"'
      changes:
        - fizz-ui/**/*

ui-install:
  stage: install
  extends: [.ui-job-config]
  script:
    - yarn
```

```
ui-test:
  stage: test
  extends: [.ui-job-config]
  script:
    - yarn test
  cache:
    policy: pull

ui-build:
  stage: build
  extends: [.ui-job-config]
  script:
    - yarn build
  artifacts:
    paths:
      - fizz-ui/build
  cache:
    policy: pull

ui-docker-deploy:
  stage: deploy
  extends: [.service-job-config]
  cache: []
  variables:
    IMAGE_NAME: "fizz-ui"
    APP_CONTAINER_NAME: "fizz-ui-app"
  image: docker
  script:
    - docker build -t $IMAGE_NAME .
    - if [ $(docker ps -aq --filter name=$APP_CONTAINER_NAME) ]; then docker rm -f $APP_
CONTAINER_NAME;fi
    - docker run -d -p 3000:80 --name $APP_CONTAINER_NAME $IMAGE_NAME
  environment: test
  resource_group: test
```

前端和后端的流水线都使用了配置模板，尽可能多地将公共配置信息提取到配置模板中，然后在具体的作业中使用 extends 关键词来继承这些配置。例如，后端的每个作业都需要进入 fizz-service 目录，所以在后端配置模板.service-job-config 中才会配置 before_script 为 cd fizz-service，以进入后端应用的根目录。后端使用的镜像为 maven:3-jdk-8-alpine，前端使用的镜像为 node:14.17.0-alpine。流水线的运行都使用 rules 来限定，如果 fizz-service 目录下的文件有变动，并且当分支是 test 或者 dev 时，就会触发后端的构建作业进而部署。前端作业同理。在流水线中，我们都用了一个文件来当作缓存 key，以此来保证缓存的及时更新和唯一性。流水线运行完成后，前端应用将被部署在 3000 端口，后端应用将被部署在 8080 端口。

8.5 构建单镜像

对前、后端单独构建出镜像是比较简单的事情，因为它们是相互独立的，不存在先后和依赖关系。但有时为了提高项目的交付能力，开发者需要对外提供产品的单镜像，只要有单镜像就能够提供软件所有的服务，这种方式能够使软件使用更加简单、方便，对于新手也非常友好。这个时候就需要构建单镜像的方案。构建单镜像主要是在后端应用构建前，需要将前端的 artifacts 放到后端的静态目录中，这样构建出的镜像就会包含前、后端所有的代码。fizz-service 应用的静态目录是/src/main/resources/static，在该目录下的所有文件都能够被用户直接访问。所以在流水线中，我们只需要将 fizz-ui 构建出的 build 目录中的所有文件复制到 fizz-service/src/main/resources/static 目录中，再进行 fizz-service 应用的构建即可。此处我们假设构建单镜像的时机是开发者创建了一个 git tag，那么构建单镜像的流水线全局配置如清单 8-8 所示。

清单 8-8 构建单镜像的流水线全局配置

```
stages:
  - install
  - test
  - build
  - package
  - deploy
```

```
variables:
  MAVEN_OPTS: "-Dmaven.repo.local=.m2"

default:
  tags:
  - docker-runner

workflow:
rules:
  - if: $CI_COMMIT_TAG

include:
  - local: fizz-service/.gitlab-ci-service.yml
  - local: fizz-ui/.gitlab-ci-ui.yml
```

上述代码是 fizz-mall 根目录下.gitlab-ci.yml 文件的全部内容。流水线共包括 5 个阶段，分别是 install、test、build、package 和 deploy。此外，定义一个环境变量 maven 设置存放依赖包的目录为.m2。该流水线只使用 tags 为 docker-runner 的 runner 来执行。另外，我们将 fizz-service 的流水线与 fizz-ui 的流水线分别定义在各自的文件目录下，拆分后使用关键词 include 来引入。这样拆分后，好处是 fizz-ui 的流水线可以由 fizz-ui 的开发人员来管理、修改。使用 workflow:rules 来保证流水线只有在创建 git tag 时才会被触发。

8.5.1　前端 UI 流水线

在 fizz-ui 目录下创建.gitlab-ci-ui.yml 文件，用来定义 fizz-ui 的相关作业。.gitlab-ci-ui.yml 文件的内容如清单 8-9 所示。

清单 8-9　.gitlab-ci-ui.yml 文件的内容

```
.ui-job-config:
  image: node:14.17.0-alpine
  before_script:
    - cd fizz-ui
  cache:
```

```
    key:
      files:
        - fizz-ui/yarn.lock
      prefix: ui
    paths:
      - fizz-ui/node_modules

ui-install:
  stage: install
  extends: [.ui-job-config]
  script:
    - yarn

ui-test:
  stage: test
  extends: [.ui-job-config]
  script:
    - yarn test
  cache:
    policy: pull

ui-build:
  stage: build
  extends: [.ui-job-config]
  script:
    - yarn build
  artifacts:
    paths:
      - fizz-ui/build
  cache:
    policy: pull
```

在.gitlab-ci-ui.yml 文件中，我们定义了前端流水线的公共配置、要使用的镜像、前端缓存，以及任务执行前运行的脚本。有些读者会有疑问，.gitlab-ci-ui.yml 本身已经位于 fizz-ui 目录了，为什么在运行时还要进入 fizz-ui 目录？这是因为通过 include 引入的其他 YAML 文件最后都会合并到项目根目录下的.gitlab-ci.yml 文件中，所以流水线运行的默认工作目录就是项目的根目录，不管.gitlab-ci.yml 文件位于项目的哪个目录下。在前端的流水线中，我们会去安装前端依赖包、运行测试用例，最后编译，并将编译后的文件做成 artifacts 存放到 GitLab 上。这里有一个小的优化是缓存的设置，通过设置 cache 的 poilicy 属性，缓存只在 ui-install 作业里进行上传、下载，其他的作业上只下载不上传。这样在缓存大或网络不好的情况下可以加快流水线运行速度。

8.5.2 后端服务流水线

在 fizz-service 目录下创建.gitlab-ci-service.yml 文件，该文件的内容如清单 8-10 所示。

清单 8-10　.gitlab-ci-service.yml 文件的内容

```
.service-job-config:
  image: maven:3-jdk-8-alpine
  before_script:
    - cd fizz-service
  cache:
    key:
      files:
        - fizz-service/pom.xml
      prefix: service
    paths:
      - fizz-service/.m2

service-install:
  stage: install
  extends: [.service-job-config]
  script:
    - mvn install

service-test:
  stage: test
  extends: [.service-job-config]
  script:
    - mvn test
  cache:
    policy: pull

service-package:
  stage: package
```

```
  extends: [.service-job-config]
  script:
    - cp -rf ${CI_PROJECT_DIR}/fizz-ui/build/*  ${CI_PROJECT_DIR}/fizz-service/src/main/
resources/static
    - mvn clean package -Dmaven.test.skip=true
  artifacts:
    paths:
      - fizz-service/target/*.jar
  cache:
    policy: pull

docker-build:
  stage: deploy
  extends: [.service-job-config]
  cache: []
  dependencies:
    - service-package
  variables:
    IMAGE_NAME: "fizz-mall"
    APP_CONTAINER_NAME: "fizz-mall-app"
  image: docker
  script:
    - docker build --build-arg JAR_FILE=target/fizz-service.jar -t $IMAGE_NAME .
    - if [ $(docker ps -aq --filter name=$APP_CONTAINER_NAME) ]; then docker rm -f $APP_
CONTAINER_NAME;fi
    - docker run -d -p 8090:8080 --name $APP_CONTAINER_NAME $IMAGE_NAME
  environment: prod
  resource_group: prod
```

与前端流水线一致，后端流水线也提取了公共的配置模板.service-job-config，使用统一的镜像、缓存和作业预运行脚本。作业 service-install 用于安装项目所需依赖包，安装完成后将之放置在缓存中以备后用。作业 service-test 会加载缓存，并执行项目中编写的测试用例，执行通过后继续往下执行。在作业 service-package 中，首先将前端目录 fizz-ui/build 的所有文件都复制到/fizz-service/src/main/resources/static 目录下。这一步一定要在前端构建后再执行，否则是没有 build 目录的，这也是 package 阶段在 build 阶段之后的原因。将文件复制后，执行后端的打包命令 mvn clean package -Dmaven.test.skip=true。为了不重复执行测试用例，添加参数-Dmaven.test.skip=true 可以跳过。执行打包命令后，会在 fizz-service/target 目录下生成一个 JAR 包。有了这个 JAR 包，我们就能在下一阶段构建出一个包含前、后端的镜像。在 service-package 阶段需要提取 fizz-service/target 下的 JAR 包，做成 artifacts 以备下一阶段使用。

在 docker-build 作业中，我们使用了上一阶段 service-package 作业编译出的 JAR 包，将其构建到镜像中，最后再运行构建出的镜像以实现重新部署，也可以将构建出的镜像推送到 DockerHub 或者私有 Harbor。

8.6 使用分布式缓存 MinIO

在进行上述的代码修改后，创建一个 tag 就会触发单镜像的流水线。流水线概览如图 8-3 所示。

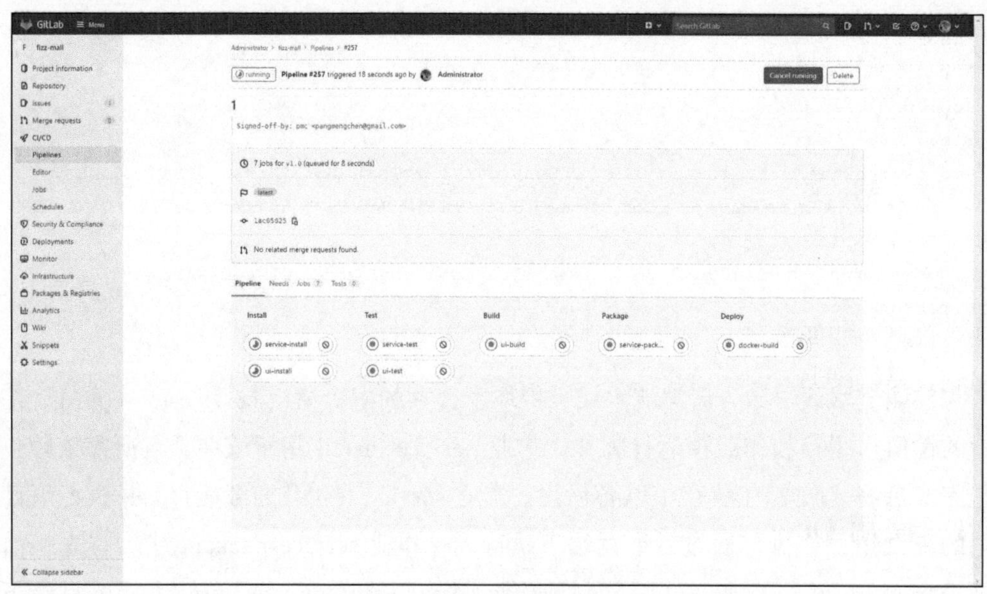

图 8-3　流水线概览

在任务运行到 ui-build 时，会出现错误/bin/sh: 1: react-scripts: not found，如图 8-4 所示。

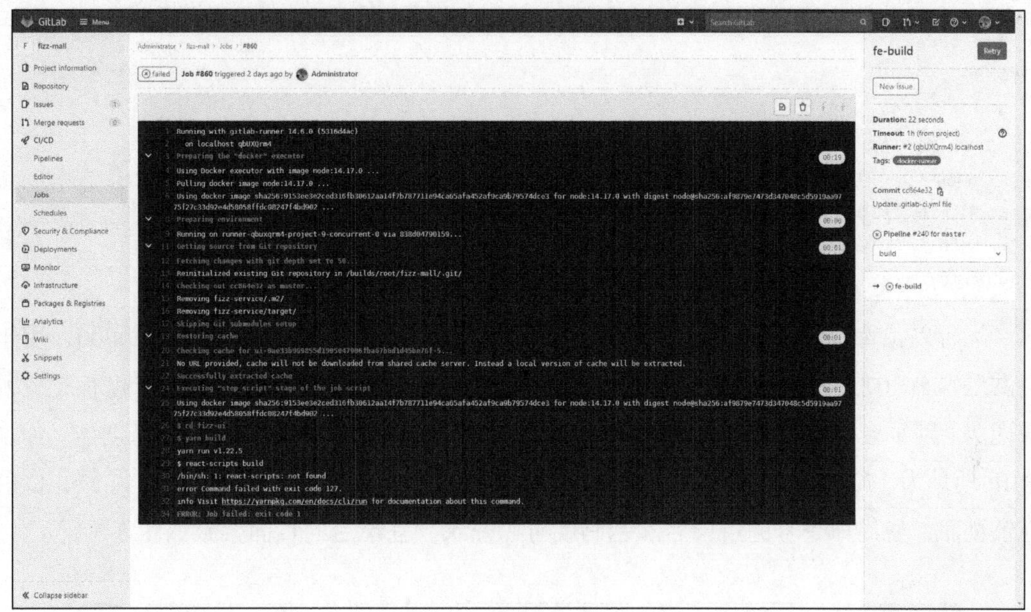

图 8-4 前端编译错误

这个错误是缓存没有被正确恢复导致的，这也是官方的一个 bug。在使用本地缓存时，如果一条流水线中存储两个 key 的缓存，有时会导致缓存恢复失败。具体细节可以看官方仓库下的 Issues：Using multiple caches in gitlab ci broken when not using distributed caching。此外，使用本地缓存，无法解决不同计算机、不同 runner 缓存一致的问题。要解决上述问题，一种可行的方案是使用分布式缓存。下面我们就来讲解如何安装分布式缓存 MinIO，以及如何在 GitLab CI/CD 中使用 MinIO。

8.6.1 使用 Docker 安装 MinIO

MinIO 是一个开源的对象存储平台，目前已有数百万用户，采用 S3 兼容协议。由于 MinIO 兼容 S3，因此它才能被 GitLab Runner 集成。

MinIO 的安装非常简单，使用 Docker 安装只需要使用清单 8-11 所示的命令。

清单 8-11　Docker 安装 MinIO

```
docker run \
  -p 9000:9000 \
  -p 9001:9001 \
  --name minio1 \
  -v ~/minio/data:/data \
  -e "MINIO_ROOT_USER=AKIAIOSFODNN7EXAMPLE" \
  -e "MINIO_ROOT_PASSWORD=wJalrXUtnFEMI/K7MDENG/bPxRfiCYEXAMPLEKEY" \
  quay.io/minio/minio server /data --console-address ":9001"
```

运行以上命令会启动一个 MinIO 容器，该容器暴露两个端口：一个是 9000，用于提供后端 API 服务；另一个是 9001，用于提供 Web 页面服务，供用户进行可视化资源管理。个别平台需要先创建~/minio/data，可以使用 mkdir -p ~/minio/data 加以创建。如本地 IP 地址为 172.17.0.4，那么使用浏览器访问 http://172.17.0.4:9001/就可以看到 MinIO 的登录页面，使用命令号的用户名和密码就可以登录。登录后的页面大致如图 8-5 所示。

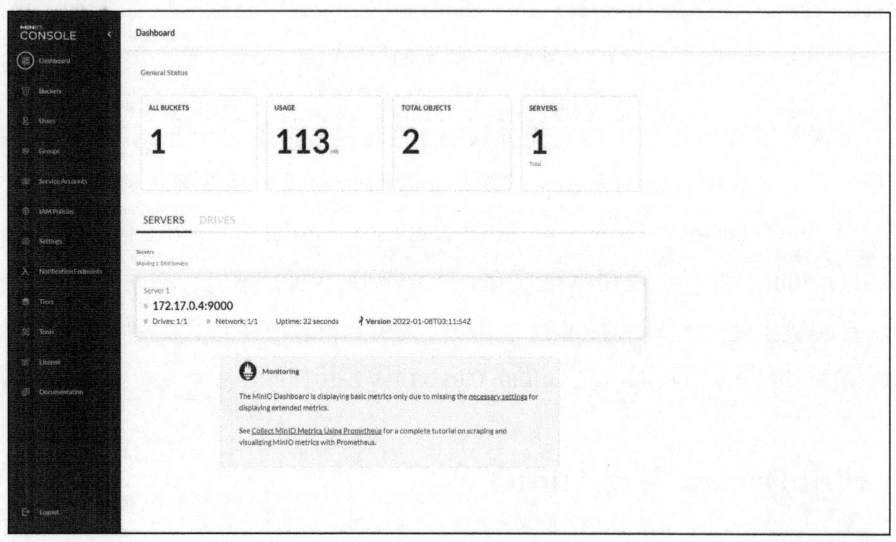

图 8-5　登录后的页面

MinIO 的存储文件都是放在 Buckets 中的，登录后选择页面左侧的 Buckets，然后单击页面右侧的 Create Bucket 按钮，如图 8-6 所示。

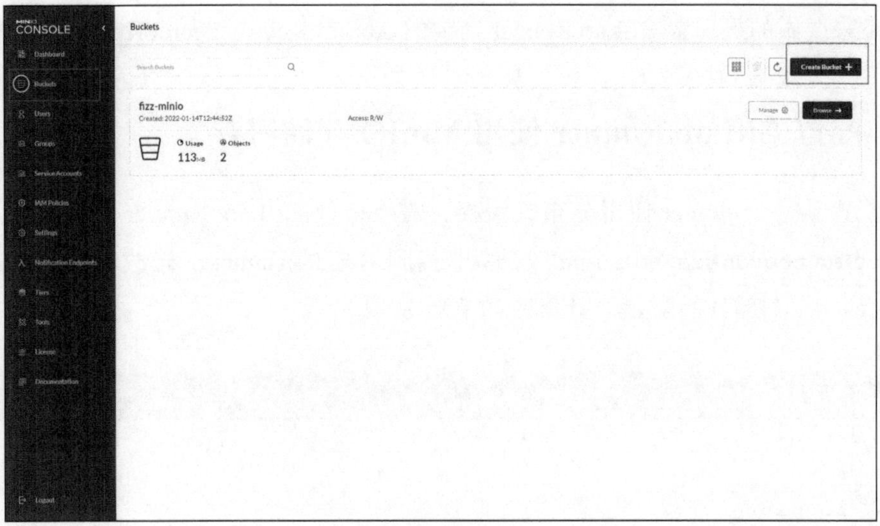

图 8-6 创建 Bucket

在创建 Bucket 的对话框中填写 Bucket 名称 fizz-minio，最后单击创建。这样一个 Bucket 就创建好了。创建 Bucket 后，如果要使用 API 上传、下载缓存，需要创建服务账号，并下载 Access Key 与 Secret Key，如图 8-7 所示。

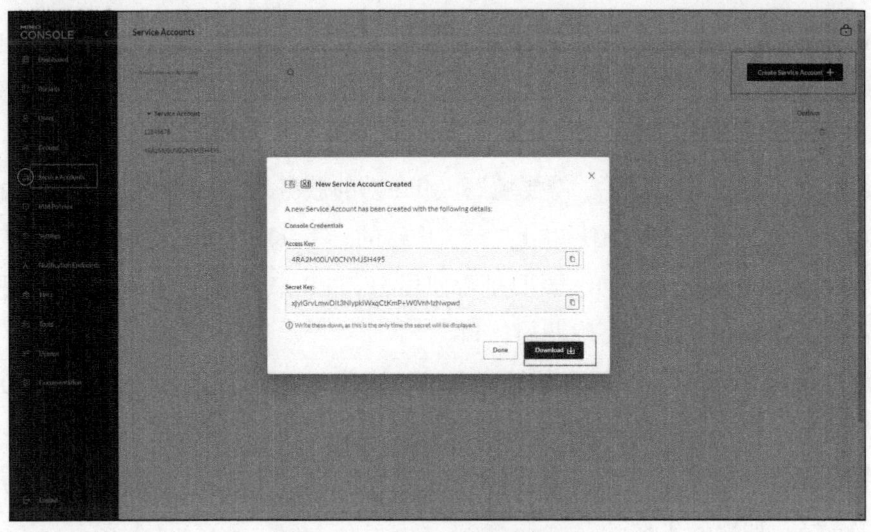

图 8-7 创建 MinIO 服务账号

接下来要做的是配置 GitLab Runner 需要的 Access Key 与 Secret Key 这两个配置项。

8.6.2 配置 GitLab Runner 使用 MinIO 存储缓存

要配置某一个 runner 使用分布式缓存，需要修改 GitLab Runner 的配置文件，在 /srv/gitlab-runner/config/config.toml 文件中找到对应的 runner，修改[runners.cache]与[runners.cache.s3]部分的配置，其修改如清单 8-12 所示。

清单 8-12 配置 GitLab Runner 使用 MinIO

```
[runners.cache]
  Type = "s3"
  Path = "prefix"
  Shared = false
  [runners.cache.s3]
    ServerAddress = "172.17.0.4:9000"
    AccessKey = "12345678"
    SecretKey = "87654321"
    BucketName = "fizz-minio"
    Insecure = true
```

在[runners.cache]配置块下，Type 设置为 s3，Path 用于定义存储文件的前缀路径，Shared 则表明是否可以共享。开启共享后，存储缓存的路径中将不带有项目路径。可以实现跨项目使用缓存，前提是缓存的 key 一致。

在[runners.cache.s3]配置下，需要填写 MinIO 的服务地址，格式为 Host+端口号。AccessKey 与 SecretKey 需要使用上一步下载的。BucketName 就是上一步创建的 Bucket，名为 fizz-minio。Insecure 表明是否使用 HTTPS 来请求接口，如果没有开启 TSL 服务，需要设置为 true 才能正确调用接口。

配置 GitLab Runner 后，再次运行流水线，就会发现缓存已经上传到 MinIO 了，如图 8-8 所示。

缓存的下载上传都是调用 MinIO 的接口来实现的。在 MinIO 中保存的缓存以压缩包的方式存储，如图 8-9 所示。

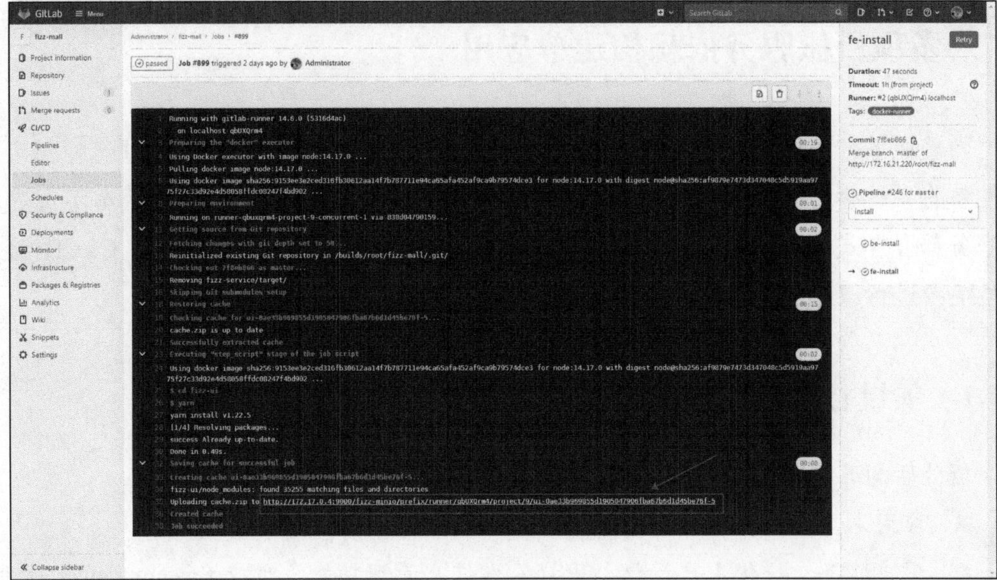

图 8-8　上传缓存到 MinIO

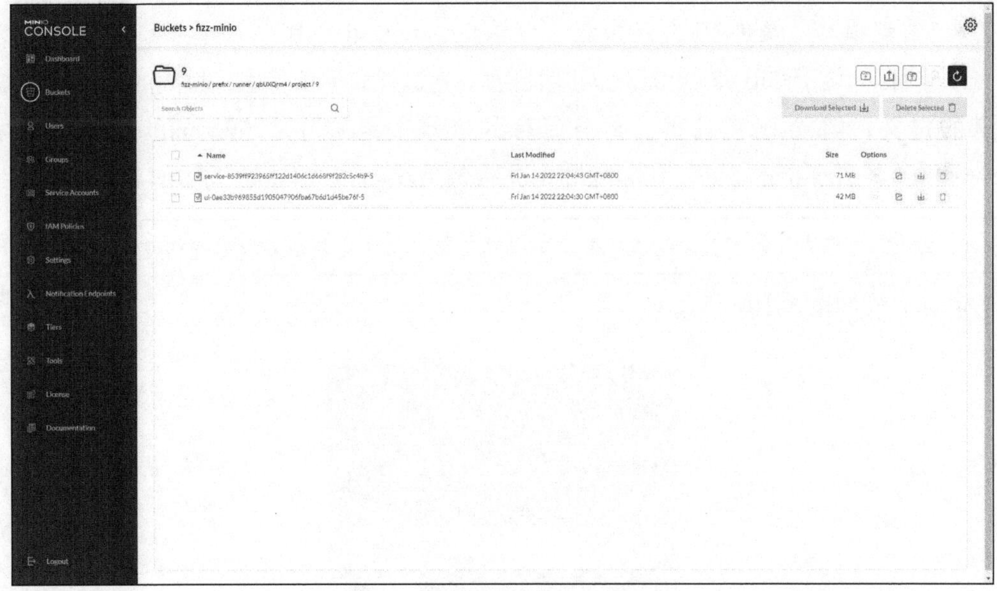

图 8-9　MinIO 上存储的缓存文件

8.7 多项目微服务依赖构建单应用

随着业务的发展，菲兹商城不断增加新的功能，整个系统也变得太过臃肿。架构组准备将系统拆分为多个微服务，在开发测试环境使用微服务部署。新版本不仅提供微服务部署方式，还提供单镜像部署方式。在改造软件架构的同时，项目 CI/CD 流水线也需要进行改造与优化。

8.7.1 项目背景及软件架构

拆分后的菲兹商城包含以下几个微服务。

- 应用入口，基础应用，对应 fizz-mall-common 项目。
- 用户服务，提供用户授权、用户基本信息管理功能，对应 fizz-mall-user 项目。
- 商品服务，提供商品管理功能，对应 fizz-mall-product 项目。
- 订单服务，提供订单管理功能，对应 fizz-mall-order 项目。
- 前端项目，提供 UI 交互功能，对应 fizz-mall-ui 项目。

5 个项目都位于 GitLab 的 fizz-mall 项目组中，这样做便于管理。权限的设置、CI/CD 变量的定义，都会比较省事。5 个项目的依赖关系如下：fizz-mall-common 依赖 fizz-mall-ui 与 fizz-mall-user，fizz-mall-user 依赖 fizz-mall-product 与 fizz-mall-order。

> **注** 项目资料为虚构，如有雷同纯属巧合。本项目主要用于解释复杂多应用的构建、部署流程。

项目依赖如图 8-10 所示。

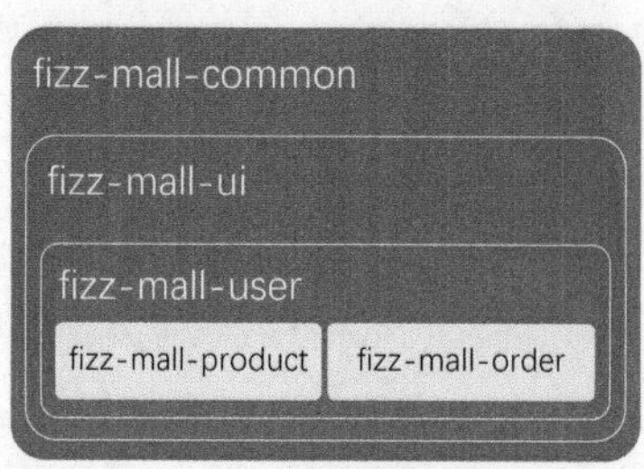

图 8-10 项目依赖

8.7.2 多项目同时构建

由于是菲兹商城的代码分布在 5 个 GitLab 项目里，因此在构建单镜像时，要使用跨项目流水线。这时可以使用关键词 trigger，也可以使用 curl 命令加 trigger token 的方式。为了方便，我们使用关键词 trigger。由于 fizz-mall-common 是最基础的包，因此我们将它作为流水线的开端，由它触发其他项目流水线。fizz-mall-common 的流水线如清单 8-13 所示。

清单 8-13 fizz-mall-common 的流水线

```
stages:
  - prestart
  - install_trigger
  - build
  - package
  - deploy

variables:
  MAVEN_OPTS: "-Dmaven.repo.local=.m2"

default:
  image: maven:3-jdk-8-alpine
  tags:
    - docker-runner
  cache:
    key:
      files:
        - pom.xml
    paths:
      - .m2

prepare_job:
  stage: prestart
  script:
    - echo 'create or clean directory'
    - echo 'prepare environment'
```

```
install_job:
  stage: install_trigger
  script:
    - echo 'install depe'

trigger_user_job:
  stage: install_trigger
  trigger:
    project: fizz-mall/fizz-mall-user
    branch: main
    strategy: depend

trigger_ui_job:
  stage: install_trigger
  trigger:
    project: fizz-mall/fizz-mall-ui
    branch: main
    strategy: depend

trigger_order_job:
  stage: install_trigger
  trigger:
    project: fizz-mall/fizz-mall-order
    branch: main
    strategy: depend

trigger_product_job:
  stage: install_trigger
  trigger:
    project: fizz-mall/fizz-mall-product
    branch: main
    strategy: depend

build_common_job:
  stage: build
  needs: [install_job]
  script: echo 'start build'

package_job:
```

```
  stage: package
  script: echo 'start package'

deploy_job:
  stage: deploy
  script: echo 'start deploy'
```

在 fizz-mall-common 的流水线中，安装项目依赖与触发下游流水线可以同时进行（这里假设 fizz-mall-user 只影响 fizz-mall-common 的编译，而不影响安装依赖和测试）。

8.7.3 依赖构建

项目依赖有两种：一种是运行顺序的依赖，例如，fizz-mall-order 的构建作业必须要在 fizz-mall-user 构建作业之前，否则会找不到对应的依赖；另一种是 artifacts 的依赖，例如，fizz-mall-user 在构建的时候，必须拿到 fizz-mall-user 和 fizz-mall-product。顺序的依赖关系可以通过关键词的配置来实现，例如使用关键词 need 来配置两个作业的依赖关系。如果是跨项目流水线，开发需要保证下游流水线运行完成后，再继续运行主流水线，可以将 trigger:strategy 设置为 depend。跨项目流水线也遵循 stages 的顺序。GitLab CI/CD 支持跨项目流水线的 artifacts 依赖，可使用 needs:project。使用它可以指定获取 GitLab 中具体项目生成的 artifacts，可以指定 Git 分支、作业名称。但这是一个付费版才有的功能，免费用户是无法使用的。如果有类似跨项目的流水线 artifacts 依赖，可以使用下面两种方法。

- 在流水线的 runner 中挂载一个同步读写的主机目录或者一个数据卷，流水线构建出 artifacts 后，假设为一个 JAR 包或者一个文件夹，可以将这些 artifacts 复制到挂载的目录中，这样就简单地实现了 artifacts 持久化。
- 直接将 artifacts 上传到对应的存储平台，如构建的 Docker 镜像可以推送到自建的 Harbor 中，JAR 包制品可以上传到 maven 中央仓库 Nexus，构建的文件可以上传到 MinIO 等分布式存储系统，等到使用的时候再下载。

8.7.4 自由选择分支 tag 构建

通常情况下，每一个项目发布版本都会创建一个 tag，并根据该 tag 发布对应的版本。但有时候开发者并不遵循这一规定，比如为了修复一个线上 bug，开发者为了减少工作量，会只替换某个应用的版本，这个时候我们的流水线就需要能够自由选定每个项目的分支或 tag。自由定义构建项目的分支一般使用 Web 的方式填写变量，然后使用该变量来触发项目对应的分支或 tag 流水线。清单 8-14 所示为一个用于处理变量的作业。

清单 8-14　自由选择分支构建的变量处理作业

```
ready_job:
  stage: prebuild
  script:
    - if [ $USER_REF == '']; then echo "USER_REF=${ALL_REF}" >> build.env; fi;
    - if [ $PRODUCT_REF == '']; then echo "PRODUCT_REF=${ALL_REF}" >> build.env; fi;
    - if [ $ORDER_REF == '']; then echo "ORDER_REF=${ALL_REF}" >> build.env; fi;
    - if [ $UI_REF == '']; then echo "UI_REF=${ALL_REF}" >> build.env; fi;
  artifacts:
    reports:
      dotenv: build.env
```

由于运行流水线时需要自由填写每个项目要构建的分支或 tag，此时就需要进行变量的处理，定义一个变量 ALL_REF 为统一构建的分支。如果没有为某个项目定义分支变量，则使用 ALL_REF 来确定该项目要构建的分支。在上述的作业中，变量 USER_REF 用于定义 fizz-mall-user 的构建分支，如果没有定义该变量，则使用变量 ALL_REF 的值。其他变量 PRODUCT_REF、ORDER_REF、UI_REF 同理。除此之外，我们为这些变量重新赋值后，需要将其追加到 build.env 文件中，并保存为 artifacts。使用 artifacts:reports:dotenv 这种方式生成的 artifacts，文件中的内容会在后续的作业中转化为变量，这是 artifacts 关键词的一个特殊用法。很多人不理解为什么要这样做，为什么变量重新赋值后还要保存到文件中，并且做成 artifacts？这是因为在流水线中，编写 Shell 脚本并不像在主机上那样方便。因为流水线的脚本是运行在 runner 的执行器中的，执行器是多种多样的，执行环境也多种多样，并且一条流水线有可能不止一个 runner，所以当开发者在一个作业的 script 中改变了一个全局变量的值后，只能在当前的作业中生效，在下一个作业中该全局变量还是初始值。

处理完变量后，触发下游流水线时就可以使用变量来定义需要构建的分支，如清单 8-15 所示。

清单 8-15　触发下游流水线的动态分支处理

```
trigger_user_pipeline:
  stage: trigger
  trigger:
    project: fizz-mall/fizz-mall-user
    branch: $USER_REF
    strategy: depend
  only:
   - Web

trigger_product_pipeline:
  stage: trigger
  trigger:
    project: fizz-mall/fizz-mall-product
    branch: $PRODUCT_REF
    strategy: depend
  only:
   - Web
```

在 fizz-mall-common 的流水线中，使用关键词 trigger 来触发下流跨项目的流水线。配置项目地址与分支，并配置 strategy:depend，以保证下游流水线完成后再继续执行主流水线。only:Web 可以限定当前作业只有在通过 Web 触发流水线时才会被执行。对于一些通用的配置，我们都可以将其提取到一个配置模板中，再使用 extends 来继承。

8.7.5　运行流水线

如果流水线是由 git tag 来触发的，那么流水线可以设置为自动，然后将部署作业设置为手动，但由于需要自由选择每个项目的构建分支，因此运行流水线时还需要支持 Web 触发并设置变量，在 GitLab 中手动触发流水线并配置变量，如图 8-11 所示。

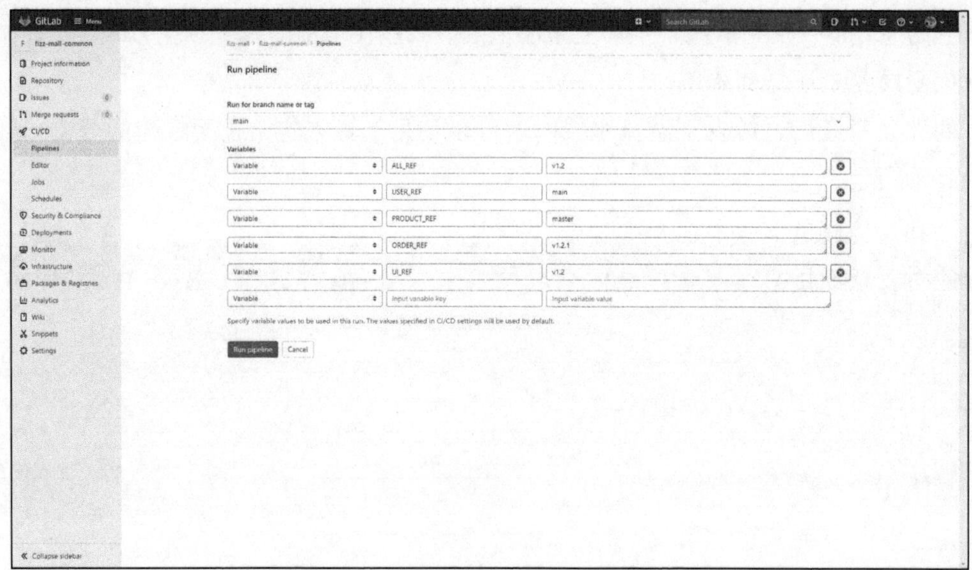

图 8-11　Web 触发流水线并设置变量

最终的流水线概览大致如图 8-12 所示。

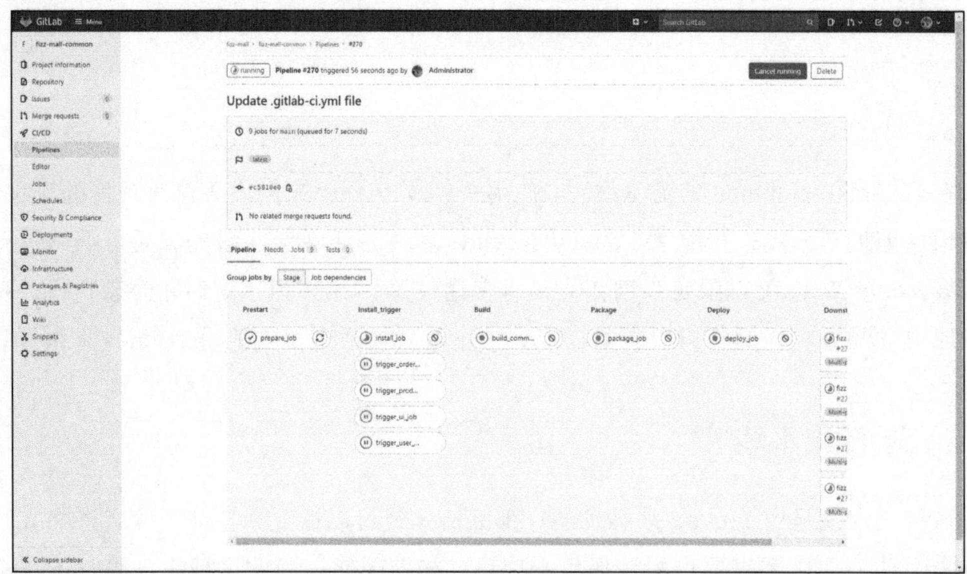

图 8-12　流水线概览图

8.8 小结

在本章中，我们通过一个非常复杂的微服务项目介绍了 GitLab CI/CD 实践，主要讲解了项目依赖的跨项目流水线的编写以及优化，以及分布式缓存的安装与配置。这对于应对复杂项目、复杂业务场景很有帮助。

第 9 章　部署 Python 应用到 Kubernetes 中

在本章中，我们将继续讲解 GitLab CI/CD 的实践。实践的主题是在 Kubernetes 中做持续部署。作为当前最流行的技术之一，Kubernetes 对于应用的弹性伸缩、资源的动态调度、优化资源利用率都有着很大的意义，所以近几年很多公司都将自己的应用部署到 Kubernetes 集群中。在本章中，我们会通过一个实际案例来讲解如何使用 GitLab CI/CD 将 Python 应用部署到 Kubernetes 集群中。

9.1 Kubernetes 简介

有些读者可能还没接触过 Kubernetes，下面我们先来简单介绍一下 Kubernetes。

Kubernetes，简称 K8s，是 Google 开源的一个容器编排引擎，支持自动化部署、大规模可伸缩、应用容器化管理。在 Kubernetes 中，开发者可以创建多个容器，每个容器中运行一个应用实例，然后通过内置的负载均衡策略，实现对一组实例的管理。对于服务发现、访问等细节，Kubernetes 都会帮你做好，不需要运维人员进行复杂的手动配置和处理。Kubernetes 一个简单的应用场景就是“天猫双 11 购物节”，在此期间，由于访问和下单数急剧增加，天猫的服务器负载会非常高，这个时候通常采用的方法就是增加服务器数量，等到活动结束，再削减服务器。这其中就用到了 Kubernetes 的动态伸缩，在某些实例达到了一定的负载后，就会通过增加实例数量来减轻负载。

详细介绍 Kubernetes 是一件非常困难的事情，因为在 Kubernetes 中有很多资源类型，如用于存储的 etcd，用于提供集群控制的 Master 组件，用于暴露 Kubernetes API 的 kube-apiserver，以及用于资源隔离的 Namespace 命名空间。为了不增加大家学习 GitLab CI/CD 的难度，在本章中，我们不会展开介绍 Kubernetes 的知识，只简单介绍在本章中我们会用到的几种资源类型：命名空间 Namespace、服务 Service、工作负载 Deployment，以及命令行管理工具 kubectl。

9.1.1 命名空间 Namespace

命名空间 Namespace 是管理 Kubernetes 集群资源的一种方式，使用它可以将集群划分为一个个独立的分区。一个 Kubernetes 集群支持设置多个命名空间，每个命名空间相当于一个相对独立的虚拟空间，不同空间的资源相互隔离互不干扰。集群可通过命名空间对资源进行分区管理。集群管理员可以对每个命名空间进行资源的限制，也可以将一个命名空间只对某些用户开放。

9.1.2 服务 Service

服务 Service 提供了集群内容器服务的暴露能力。如果一个应用对外提供服务，就必须配置 Service。利用 Service 可以设置服务对外暴露的端口，服务的类型支持 ClusterIP、NodePort、LoadBalancer、ExternalName。

9.1.3 工作负载 Deployment

Deployment 用于声明 Pod 的模板和控制 Pod 的运行策略，适用于部署无状态的应用程序。开发者可以根据业务需求，对 Deployment 中运行的 Pod 的副本数、调度策略、更新策略等进行声明。

9.1.4 命令行管理工具 kubectl

kubectl 是一个管理 Kubernetes 集群的命令行工具。只需要按照格式配置一个 config 配置文件，就能够接管集群中的所有资源，对资源进行创建、删除、查询、修改。应用的部署也可以使用它。

9.2 持续部署方案设计

要将一个应用部署到 Kubernetes 中，首先要将应用容器化，即构建出该应用的镜像；然后编写 YAML 文件；最后使用部署工具进行部署。部署工具可以使用 Helm Chart，也可以使用 kubectl，还可以直接调用 kueb-apiserver。这里我们选择使用 kubectl 来做持续部署，因为它比较方便。配置好 kubectl 后，编写一个部署资源的 YAML 模板，简单地执行一条命令就可以将应用部署到 Kubernetes 中。选定部署的工具后，我们还需要确定使用哪种方式安装 GitLab Runner，以及使用哪种执行器去执行流水线。如果你没有动态伸缩资源的需求，想做得简单一点，我们依然推荐使用 Docker 安装 GitLab Runner。但如果你的流水线有时非常多，有时又非常少，那么我们推荐直接在 Kubernetes 中部署 GitLab Runner，并将 Kubernetes 作为执行器。在 GitLab 中可以基于证书来集成 Kubernetes，集成后，可以直接在 GitLab 中操作 Kubernetes 资源。但这种方式存在一定的安全隐患，因此最新的版本不再继续维护，而是提供一种使用代理的方式来实现 Kubernetes 的 CI/CD 功能。这里就不展开讲解了。言归正传，本次实践工具清单如下。

- 部署工具 kubectl。
- 使用 Docker 安装的 GitLab Runner。
- 使用 Docker 作为执行器。

流水线的基本流程是这样的：创建一个 Python 应用，编写项目的 Dockerfile，编写一个部署的 YAML 模板，镜像名和版本号使用变量，以便后续替换，将项目构建出一个 Docker 镜像，推送到私有仓库，然后使用镜像的名称与版本号替换用于部署的 YAML 模板中的变量，最后使用配置好的 kubectl 镜像执行 kubectl 命令，进行应用的部署。

9.3 配置 kubectl

使用 kubectl 来部署应用，需要配置好 kubectl 的集群信息。只有配置正确才能接管 Kubernetes 的资源。kubectl 一般会跟随 Kubernetes 集群一起安装，开发者需要找到安装 kubectl 的集群，而 kubectl 的配置文件一般存放在机器的$HOME/.kube 目录下一个叫作 config 的文件中。在安装集群时，该文件会自动生成，无须开发者手动创建。如果开发者实在没有条件部署一个复杂的 Kubernetes 集群，也可以在单台计算机上安装 minikube 来进行以下实践。

清单 9-1 所示为 kubectl 配置文件 config 的内容。

清单 9-1 kubectl 配置文件 config 的内容

```
apiVersion: v1
clusters:
- cluster:
    certificate-authority: C:\Users\fizz\.minikube\ca.crt
    server: https://172.22.79.85:8443
  name: minikube
contexts:
```

```
- context:
    cluster: minikube
    user: minikube
  name: minikube
current-context: minikube
kind: Config
preferences: {}
users:
- name: minikube
  user:
    client-certificate: C:\Users\fizz\.minikube\profiles\minikube\client.crt
    client-key: C:\Users\fizz\.minikube\profiles\minikube\client.key
```

在该文件里主要有以下几个部分。

- clusters：集群信息，可以配置多个集群，每个集群需要 3 个信息，即证书、名称以及服务地址。
- contexts：上下文，将记录集群与集群用户。开发者可以使用命令行自由切换上下文。
- current-context：当前上下文，表明当前正在管理的集群。
- users：集群用户，也是一个列表，用于配置用户名、用户的密钥和证书。

在这份配置文件中，certificate-authority、client-certificate 与 client-key 都指向某个文件，而有的配置文件是一串字符串，这些都是没关系的。需要注意的是，使用配置文件时需要注意相关文件的路径，以免出现找不到文件或文件路径错误的问题。

有了 config 中的配置内容，kubectl 就能够获取 Kubernetes 集群资源，进行资源的管理，如清单 9-2 所示。配置好后，请测试一下获取集群资源的命令是否正常。

清单 9-2　kubectl 获取集群资源

```
kubectl get pods
kubectl get ns
```

正常显示集群的资源说明配置成功，如图 9-1 所示。

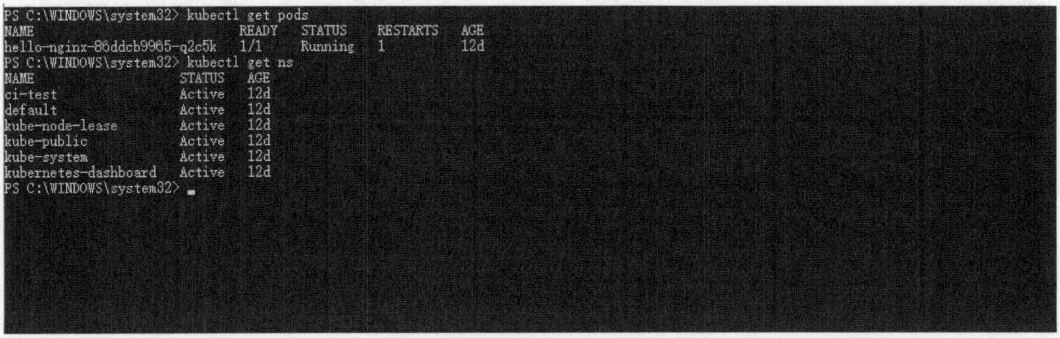

```
PS C:\WINDOWS\system32> kubectl get pods
NAME                          READY   STATUS    RESTARTS   AGE
hello-nginx-86ddcb9965-q2c5k  1/1     Running   1          12d
PS C:\WINDOWS\system32> kubectl get ns
NAME                   STATUS   AGE
ci-test                Active   12d
default                Active   12d
kube-node-lease        Active   12d
kube-public            Active   12d
kube-system            Active   12d
kubernetes-dashboard   Active   12d
PS C:\WINDOWS\system32>
```

图 9-1 kubectl 获取集群资源

在 GitLab CI/CD 的流水线中，我们可以直接使用 kubectl 的 Docker 镜像来管理集群资源。

本次实践使用的镜像是 bitnami/kubectl。使用镜像时需要挂载 kubectl 的配置文件，正确的使用方式如清单 9-3 所示。

清单 9-3 使用 kubectl 镜像获取集群资源

```
docker run --rm --name kubectl \
  -v /mnt/d/watch/config:/.kube/config \
  bitnami/kubectl:latest get pods
```

挂载本地的 kubectl 的配置文件到镜像中的/.kube/config 目录，需要提前将配置文件复制到对应的目录中。在成功运行容器后，请执行 get pods 命令来获取集群中的所有 pod 数据。

执行结果如图 9-2 所示。

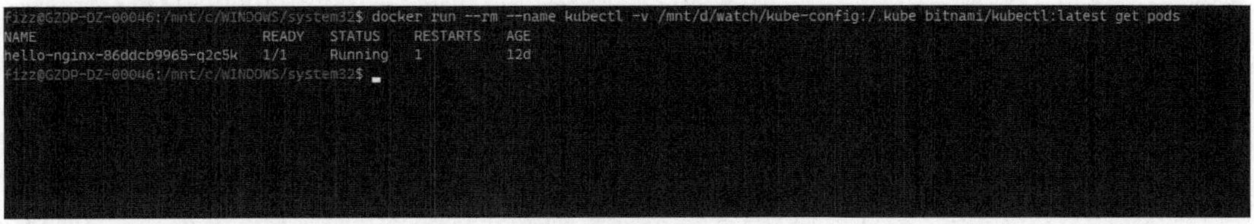

```
fizz@GZDP-DZ-00046:/mnt/c/WINDOWS/system32$ docker run --rm --name kubectl -v /mnt/d/watch/kube-config:/.kube bitnami/kubectl:latest get pods
NAME                           READY   STATUS    RESTARTS   AGE
hello-nginx-86ddcb9965-q2c5k   1/1     Running   1          12d
fizz@GZDP-DZ-00046:/mnt/c/WINDOWS/system32$
```

图 9-2 执行结果

命令执行成功后，会自动退出容器。

9.4　Python 项目配置

介绍完 kubectl 的配置后，我们再来看一下这次实践要使用的项目。这是一个 Python 语言的项目，使用 Flask 框架搭建的一个简单的应用，项目名称为 flask-pro。同样，我们已将本项目的代码上传到 GitLab，访问地址为 https://gitlab.com/PmcFizz/GitLab-CI-CD/tree/master/flask-pro。

在已经安装了 Python 的主机上，首先安装 Flask 的依赖包，然后运行命令 flask run，项目就会启动，服务端口为 5000。由于需要将该应用容器化，因此我们需要编写一个 Dockerfile。下面我们看一下该项目的 Dockerfile，如清单 9-4 所示。

清单 9-4　flask-pro 的 Dockerfile

```
FROM python:3.11.0a3-slim

WORKDIR /usr/src/app

COPY requirements.txt ./
RUN pip install --no-cache-dir -r requirements.txt-i

COPY . .

CMD [ "flask", "run" , "--host=0.0.0.0"]
```

构建 Docker 镜像时需要基于 Python 镜像，指定工作目录为/usr/src/app，使用 pip 命令安装项目的依赖。项目的依赖项都配置在项目根目录的 requirements.txt 文件中。将所有文件复制到工作目录，然后执行命令 flask run --host=0.0.0.0 启动项目。

Dockerfile 编写完成后，可以直接在本地测试一下，看能否构建出一个镜像。如果能顺利构建出一个 Docker 镜像，并能够正确启动，表明 Dockerfile 没有问题。

编写完 Dockerfile 后，需要再编写一个部署到 Kubernetes 的 YAML 模板，该 YAML 模板可根据 Kubernetes 的官方文档来编写。清单 9-5 所示为一个部署应用的 YAML 模板。

清单 9-5 部署应用的 YAML 模板

```
apiVersion: apps/v1
kind: Deployment
metadata:
  name: flask-pro-deploy
  namespace: ci-test
spec:
  replicas: 1
  template:
    metadata:
      labels:
        app: flask-pro-app
    spec:
      containers:
        - name: flask-pro-contain
          imagePullPolicy: Always
          image: flask-pro-app
          env:
          - name: TZ
            value: Asia/Shanghai
  selector:
    matchLabels:
      app: flask-pro-app

---
apiVersion: v1
kind: Service
metadata:
  name: flask-pro-server
  namespace: ci-test
spec:
  type: NodePort
  ports:
    - protocol: TCP
      port: 5000
      targetPort: 5000
```

```
      nodePort: 31594
  selector:
    app: flask-pro-app
```

该模板一共定义了两个资源，使用---分隔。前半部分是定义应用的工作负载，后半部分是定义应用的服务。

配置文件中有一些比较重要的信息，这里稍微解释一下。namespace: ci-test 是指定部署到哪个命名空间下，该命名空间需要预先创建，否则会部署失败。

清单 9-6 定义了应用的镜像名为 flask-pro-app，启动的容器名为 flask-pro-contain，以及拉取镜像的规则为总是重新拉取、不使用本地镜像。

清单 9-6　部署应用的 YAML 模板

```
      containers:
        - name: flask-pro-contain
          imagePullPolicy: Always
          image: flask-pro-app
```

清单 9-7 定义了服务对外暴露的方式，是使用 NodePort、节点端口，并使用端口 31594 来暴露服务。targetPort 是定义容器的端口。

清单 9-7　部署应用的 YAML 模板

```
spec:
  type: NodePort
  ports:
    - protocol: TCP
      port: 5000
      targetPort: 5000
      nodePort: 31594
```

完成部署模板编写后，开发者可以直接在本地进行测试，查看是否能够部署成功。在正式编写 GitLab CI/CD 前，开发者应该先手动测试镜像、部署模板、测试整个方案的可行性，再开始编写流水线。归根结底，CI/CD 只是将手动的工作自动化，对于一些本身就行不通的方案，也无能为力。另外，在 GitLab CI/CD 中进行调试很耗时，所以建议开发者在编写流水前，先在本地进行手动测试。将部署模板保存为 deploy.yml 文件，执行清单 9-8 所示的指令进行部署。

清单 9-8　kubectl 部署应用指令

```
kubectl apply -f deploy.yml
```

kubectl 的 apply 指令会先去尝试删除已经存在的资源（在模板中定义的），然后重新创建资源，所以可以更新应用。执行后，应用会成功部署到集群中。

在 CI/CD 流水线中每一次构建出的镜像版本都不一样，因此在部署的 YAML 模板中镜像名称需要是一个动态的值，需要在流水线中替换它。我们将模板中的镜像名称替换为 FLASK_APP_IMAGE，将 image: flask-pro-app 修改为 image: FLASK_APP_IMAGE，以备后用。

9.5　流水线开发

如果上述的流程经过测试都没有问题，开发者就可以开始编写.gitlab-ci.yml 文件了。由于有了之前手动部署以及测试方案的经验，后面的流水线编写将变得更加顺畅。

9.5.1　构建并推送 Docker 镜像

此次的项目比较简单，所以我们在介绍设计流水线时也尽量简化，只关注重点，之前介绍过的一些业务场景就不再赘述。该项目的流水线只有两个阶段，即 build 与 deploy。每个阶段分别有一个作业，第一个作业用于构建 Docker 镜像并推送到 artifacts 库，第二个作业用于将镜像部署到 Kubernetes 中。

构建 Docker 镜像的作业，代码如清单 9-9 所示。

清单 9-9　构建 Docker 镜像的作业

```
stages:
  - build
  - deploy
```

```
variables:
  IMAGE_NAME: "topfe/flaskapp:${CI_COMMIT_SHORT_SHA}"

build_job:
  stage: build
  tags:
    - docker-runner
  image: docker
  script:
    - docker build -t $IMAGE_NAME.
    - docker login -u <username> -p <password>
    - docker push $IMAGE_NAME
```

构建 Docker 镜像时使用 CI 中的预设变量 CI_COMMIT_SHORT_SHA 作为镜像的版本。镜像构建成功后登录 DockerHub，并将镜像推送上去。

如果有私有镜像仓库，如 Harbor，可以直接将之推送到 Harbor 中。不过要注意镜像地址需要修改成相应的仓库地址，如果登录的仓库地址使用的协议不是 HTTPS，或者使用的是 IP 地址，就需要修改 Docker 的配置文件，修改/etc/docker/daemon.json，将仓库地址填入 insecure-registries，如"insecure-registries":["xxx.xxx.xxx.xxx"]。

9.5.2　在流水线中使用 kubectl 镜像

在流水线中使用 image 指定 bitnami/kubectl:latest 镜像，这样可以在流水线中使用 kubectl 镜像。但如果只指定镜像名称，在运行时会报错，这是因为 kubectl 的镜像只是一个二进制文件，并不会像 Python 或 Java 镜像那样存在执行文件。对于这种镜像，开发者可以使用 image:entrypoint 来覆盖镜像的入口，覆盖后在 script 中定义的脚本将会被合并，用于该镜像的入口执行命令，从而让开发者可以在流水线中使用 kubectl 命令。其他的二进制镜像也可以这样使用。

清单 9-10 所示为一个在流水线中使用 kubectl 命令的作业，大家可以测试一下。

清单 9-10　在流水线中使用 kubectl 命令

```
kubectl_test:
  stage: deploy
```

```
  tags:
    - docker-runner
  image:
    name: bitnami/kubectl:latest
    entrypoint: [""]
  script:
    - echo "test kubectl use"
    - kubectl get pods --all-namespaces
    - kubectl get ns
```

上述代码定义了一个 kubectl_test 作业，执行器使用的是 docker，指定了 image 为 bitnami/kubectl:latest，并且用 entrypoint:[" "]置空了镜像的原始入口，这样定义在 script 中的内容就会被当作镜像的入口。由于使用 kubectl 需要 kubectl 配置，因此我们需要将 kubectl 的配置通过 docker 的目录挂载，挂载到容器中。在 GitLab Runner 的配置文件 config.toml 中找到使用的 runner，然后在 volumes 上加入 "/srv/gitlab-runner/config/kubeconfig:/.kube:rw"，配置如图 9-3 所示。

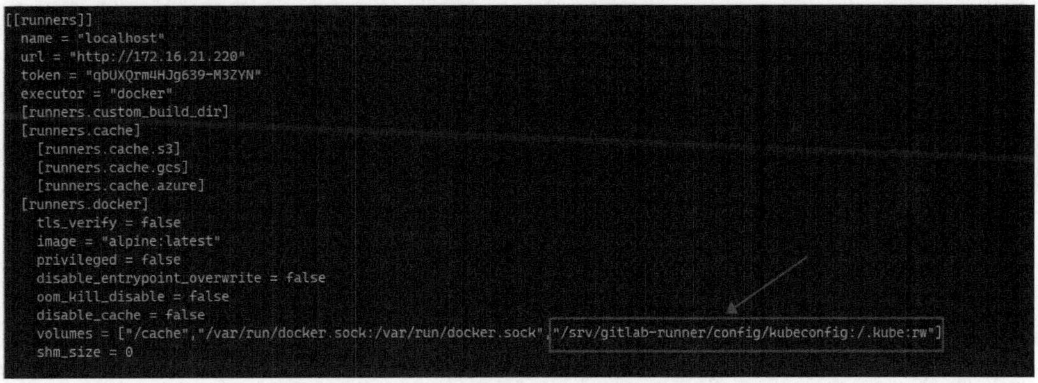

```
[[runners]]
  name = "localhost"
  url = "http://172.16.21.220"
  token = "qbUXQrm4HJg639-M3ZYN"
  executor = "docker"
  [runners.custom_build_dir]
  [runners.cache]
    [runners.cache.s3]
    [runners.cache.gcs]
    [runners.cache.azure]
  [runners.docker]
    tls_verify = false
    image = "alpine:latest"
    privileged = false
    disable_entrypoint_overwrite = false
    oom_kill_disable = false
    disable_cache = false
    volumes = ["/cache","/var/run/docker.sock:/var/run/docker.sock","/srv/gitlab-runner/config/kubeconfig:/.kube:rw"]
    shm_size = 0
```

图 9-3 挂载 kubectl 的配置目录

这样配置后，我们将 kubectl 的配置文件都放到了本地计算机的/srv/gitlab-runner/config/kubeconfig 目录中。注意，要确保文件齐全，引用路径正确。

做完上述的一系列操作后，提交作业，运行流水线，查看是否一切正常。

流水线中使用 kubectl 的日志如图 9-4 所示。

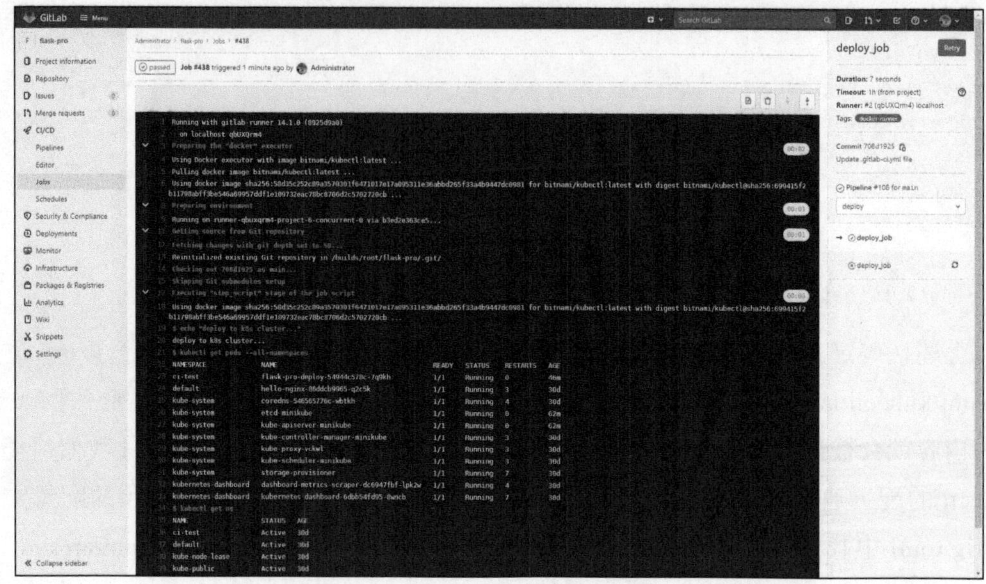

图 9-4　流水线中使用 kubectl 的日志

由图 9-4 可知，在流水线中使用 kubectl 查询集群信息一切正常。下面我们将上一步构建的镜像部署到集群中。流水线的完整代码如清单 9-11 所示。

清单 9-11　流水线的完整代码

```
stages:
  - build
  - deploy

variables:
  IMAGE_NAME: "topfe/flaskapp:${CI_COMMIT_SHORT_SHA}"

build_job:
  stage: build
  tags:
    - docker-runner
  image: docker
  script:
    - docker build -t ${IMAGE_NAME} .
    - docker login -u ${DOCKERHUB_USERNAME} -p ${DOCKERHUB_PWD}
```

```
    - docker push $IMAGE_NAME

deploy_job:
  stage: deploy
  tags:
    - docker-runner
  image:
    name: bitnami/kubectl:latest
    entrypoint: [""]
  script:
    - echo "deploy to k8s cluster..."
    - sed -i "s@FLASK_APP_IMAGE@${IMAGE_NAME}@g" deploy.yaml
    - kubectl apply -f deploy.yaml
    - kubectl get pods --all-namespaces
```

在部署作业中，使用 sed 命令将部署模板 deploy.yaml 中的 FLASK_APP_IMAGE 替换成正确的镜像名称，然后调用 kubectl apply 命令来部署最新的应用镜像。

图 9-5 所示为应用部署成功日志。

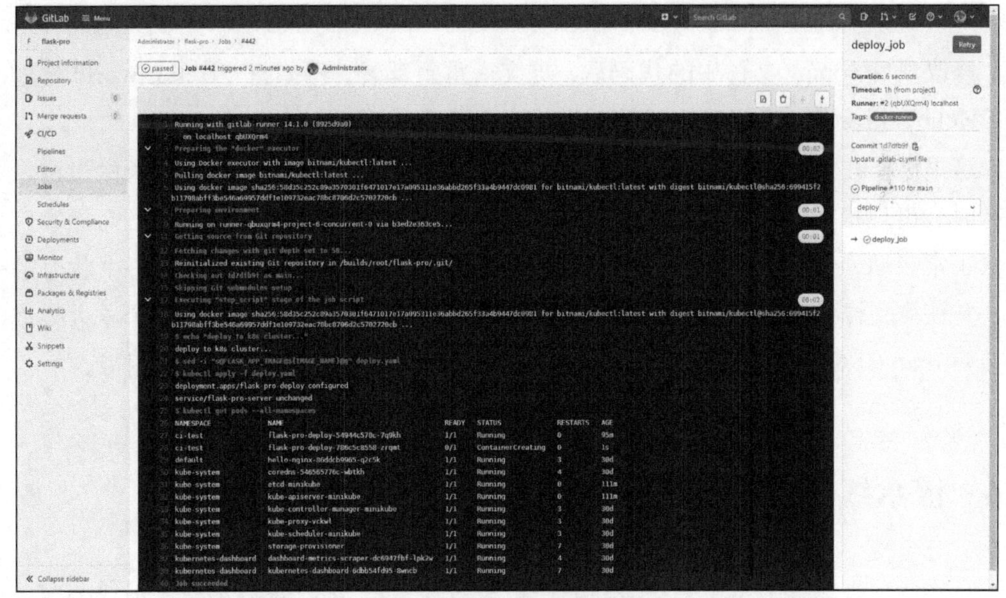

图 9-5　应用部署成功日志

根据日志显示，在执行 kubectl apply 命令后，应用已经开始部署了。稍等一会儿，应用就会成功启动。

待应用成功启动后，在浏览器输入 http://<集群 IP 地址>:31594（端口 31594 是在部署模板中定义的对外暴露的服务端口），就会看到如图 9-6 所示的页面。

图 9-6　浏览器访问应用成功

修改项目 app.py 文件中的代码后，提交后重新部署，例如将“Hello, World!”修改为“Hello，Fizz!”。部署后，刷新浏览器就会看到“Hello，Fizz!”。

这里需要注意一点，就是在执行 kubectl apply 后，有时是一个很漫长的过程，而且有时会出现错误。比如镜像太大、内存不够、网络卡顿，这些原因都可能导致应用无法正常启动，如何将整个流程可视化地展现出来，让用户感知流程中每个状态的变化，并获取到详细的执行日志，这会是 GitLab CI/CD 团队后续面临的一个重大挑战。目前 GitLab CI/CD 的团队在这一方面已经做了一部分工作，让我们保持期待。

9.6　流水线优化

虽然我们已经通过上面的流水线将应用完整部署到 K8s 集群中了，但还有很多不足的地方。比如，部署成功或失败没有即时消息通知。此外，测试人员需要一个稳定的环境，因此所有测试环境的部署应该与开发环境的部署分开，还应保证项目部署队列、部署环境最新。下面我们看一下如何做流水线的优化。

9.6.1 增加钉钉通知

流水线即时通知对一个研发团队太重要了。在触发了流水线后，我们不可能一直盯着流水线的运行状态，但对于一些通知，我们又必须第一时间发现和解决，以免造成更大影响。集成即时通知有助于提高生产效率，获取部署应用的最新信息，以便及时发现、解决问题。下面我们看一下如何在流水线中集成钉钉通知。

首先在钉钉的通知群组里，找到智能群助手，添加一个钉钉机器人，选择自定义类型的机器人，通过 WebHook 接入自定义服务。钉钉机器人的安全定义可以使用自定义关键词，填写了关键词后，只有包含了关键词的内容才会被正确送达钉钉通知群。配置如图 9-7 所示。

图 9-7 添加钉钉机器人

创建成功后，我们会得到一个 Webhook 的链接，如 https://oapi.dingtalk.com/robot/send?access_token=2a7597c575b2251b54e5260350c8b5c137ee366883a5106f7c5f63823b26adeb。在项目的 CI/CD 变量中，创建一个 WebHOOK 变量，将上面的链接填写进去，以便在流水线中使用。

在流水线中添加一个新的阶段 notic，新增两个通知作业，如清单 9-12 所示。

清单 9-12　集成钉钉通知的作业

```
notic_success_job:
  stage: notic
  image: ubuntu
  before_script:
    - 'which ssh-agent || ( apt-get update -y && apt-get install -y curl telnet)'
  script:
    - 'curl -H ''Content-type: application/json'' -d ''{"msgtype":"text", "text": {"content"
:"CI/CD 通知 部署成功"}}'' $WebHOOK'

notic_fail_job:
  stage: notic
  image: ubuntu
  before_script:
    - 'which ssh-agent || ( apt-get update -y && apt-get install -y curl telnet)'
  script:
    - 'curl -H ''Content-type: application/json'' -d ''{"msgtype":"text", "text": {"content"
:"CI/CD 通知 部署失败"}}'' $WebHOOK'
  when: on_failure
```

上面的例子定义了两个作业：一个是 notic_success_job，用于部署成功后发送成功通知；另一个是 notic_fail_job，用于流水线执行失败时发送失败通知。这两个作业使用的都是 Ubuntu 镜像。该镜像没有默认安装 curl 工具，因此在 before_script 中，我们需要使用 apt-get 安装 curl 工具。如果开发者使用的镜像安装了 curl 工具，则可以略去这一步。此外，在 notic_fai_job 作业中，我们还需要定义 when：on_failure。这样设置就能在流水线运行失败时运行该作业，发送失败通知，而在流水线运行成功时不会运行该作业。完成上述操作后，我们收到了图 9-8 所示的钉钉机器人通知的消息。

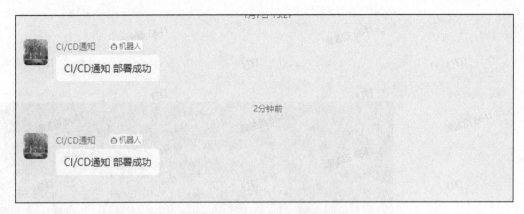

图 9-8 钉钉机器人通知的消息

开发者可以根据需要自行定义通知内容，也可以使用 CI/CD 中的预设变量直接将流水线的触发者放到通知内容中。

9.6.2 外部触发流水线

有一些大型的软件公司，发布流程做得很严谨，发布一个版本需要填写发布单，层层审批，最后由运维发布、版本经理发邮件通知。在这种情况下，就不能单纯地依靠 GitLab CI/CD 来做这些工作了，因为我们无法将每个流程的人员都加入 GitLab 的项目组，这会导致代码的保密性很差（当然也有公司将整个 DevOps 都托管在 GitLab 中），这时就要考虑在 GitLab CI/CD 中集成外部业务系统。下面我们就来介绍通过外部业务系统触发 GitLab CI/CD 流水线的方案。

GitLab CI/CD 流水线除了通过操作 Git 来触发，还可以通过 HTTP 接口来触发。这种方式需要调用 GitLab 的接口，并在接口上设置一个 Token，该 Token 可以在项目中设置，在 CI/CD 中进行添加，如图 9-9 所示。

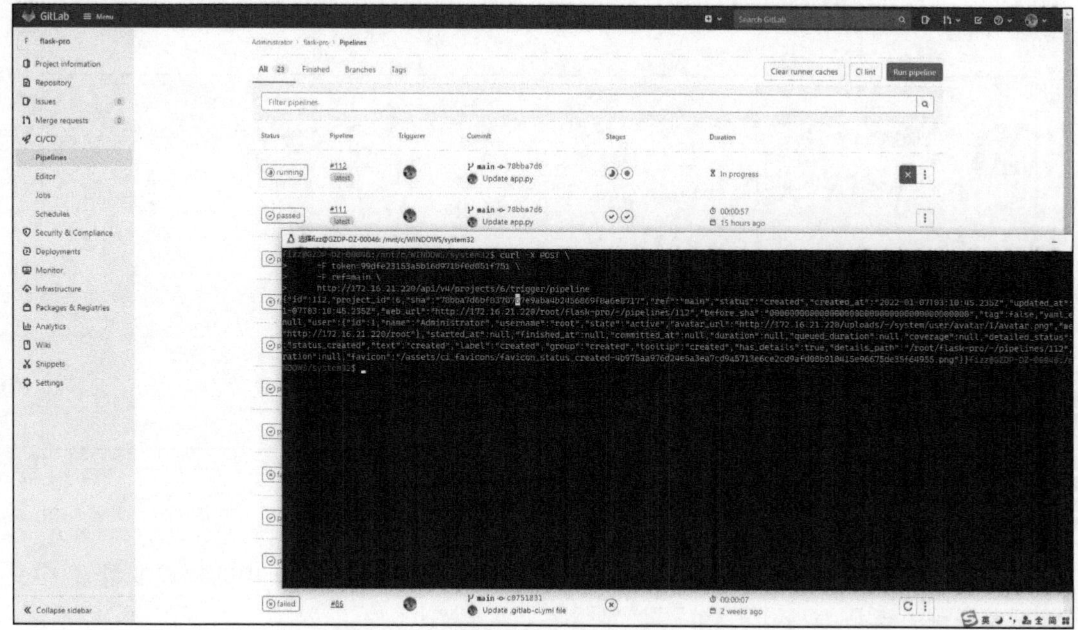

图 9-9　流水线触发 Token

有了 Token，我们就能使用接口 http://<gitlab-host>/api/v4/projects/6/trigger/pipeline 来触发流水线了。

在实现项目上线时，运维人员只需要单击业务系统中的“发布”按钮，就能触发部署的流水线。底层的数据流转大致是这样的：将需要发布的项目和版本传递给业务系统，然后业务系统对 GitLab 发起一个 HTTP 请求，并携带触发流水线的 Token，这样就完成了一次由外部系统触发流水线的操作。在项目部署成功后，再执行一个成功部署的作业，该作业将运行一个 curl 命令，调用业务系统发送邮件的接口，将成功发布的版本信息通过邮件发送出去。如此一来就将全部工作自动化了，实现了内部业务系统与 GitLab CI/CD 的无缝衔接。

下面我们演示一下如何使用 curl 命令调用 HTTP 接口触发流水线，如图 9-10 所示。

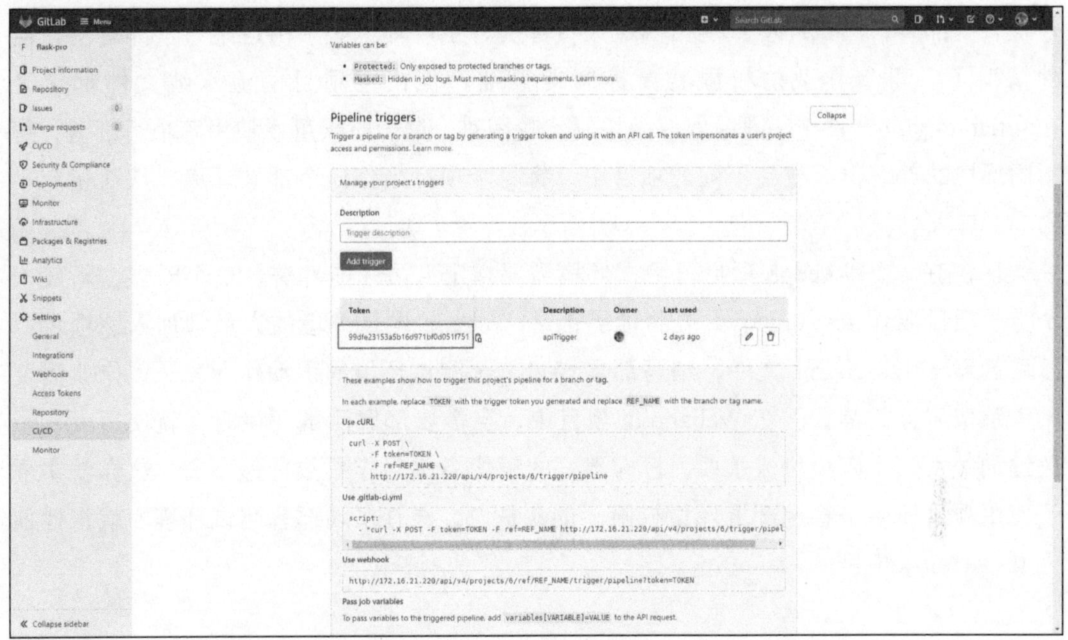

图 9-10 使用 Token 触发流水线

图 9-10 中的代码使用 curl 命令请求了一个接口，并成功触发了 GitLab 流水线。使用 trigger token 来触发流水线的代码如清单 9-13 所示。

清单 9-13 使用 trigger token 来触发流水线

```
curl -X POST \
     -F token=99dfe23153a5b16d971bf0d051f751 \
     -F ref=main \
     http://172.16.21.220/api/v4/projects/6/trigger/pipeline
```

参数 ref=main 表明触发的是项目中的分支。此外还可以携带参数，使用-F "variables[RUN_NIGHTLY_BUILD]=true" \。

9.6.3 .gitlab-ci.yml 权限管控

在团队协作中，环境的部署权限有时是分开的。比如有些团队，开发环境只能由开发人员部署，测试环境只能由测试人员部署，生产环境必须由运维人员部署。在这种情况下，部署作业的权限就要控制得很细。但由于项目的流水线文件都定义在.gitlab-ci.yml 文件中，因此做权限控制比较困难。这个时候可以使用跨项目部署，将不同环境的部署作业放到不同的项目中，将每个项目当作一个部署环境，从而指定不同的部署人员。

现在有一个 Webapp 项目，测试环境需要指定人员才能部署。这个时候，新建一个空的项目叫作 test-deploy，并将能够部署 Webapp 测试环境的人员都加入该项目；然后创建.gitlab-ci.yml 文件，编写部署 Webapp 测试环境的手动作业——该作业需要一个镜像名称的参数。在 Webapp 的项目中，当需要部署测试环境时，就使用 trigger 关键词触发一个跨项目流水线，将构建好的镜像名称当作参数传递下去。这样就实现了使用项目权限来管控部署环境权限。也就是说，谁有权限部署测试环境，就将他加入 test-deploy 项目。

9.6.4　安全部署

安全部署是指要保证一个分支上的部署作业能够按照先后顺序进行部署。为了说明安全部署的重要性，我们先看清单 9-14 所示的这个例子。

清单 9-14　部署作业

```
deploy:
 script: echo 'deploy to prod'
```

上述代码定义了一个部署作业。假如当一个提交被推送时，流水线 A 的 deploy 作业开始部署；几秒后，另一个提交也被推送上来，流水线 B 的 deploy 作业也开始部署。两个部署作业同时运行，这就有可能导致流水线 A 的部署环境覆盖流水线 B 的部署环境，最终导致最新的代码没有得到部署。为了解决这一问题，我们需要在部署作业上设置 resource_group 属性，在 deploy 作业下定义 resource_group 为字符串或者环境名称。这样一来，该作业在同一时间、同一分支只会有一个部署作业在运行，后续的部署作业都要等待前面的完成才能运行。

除了为部署作业设置 resource_group 属性，开发者还可以在 GitLab 项目配置中勾选 Skip outdated deployment jobs，跳过过期部署作业（见图 9-11）。一旦一个新的部署作业完成，旧的部署作业就会被跳过。这里的部署作业是指设置了相同的 environment 值的作业。当新的部署作业完成后，旧的部署作业会被标记为 failed 状态。

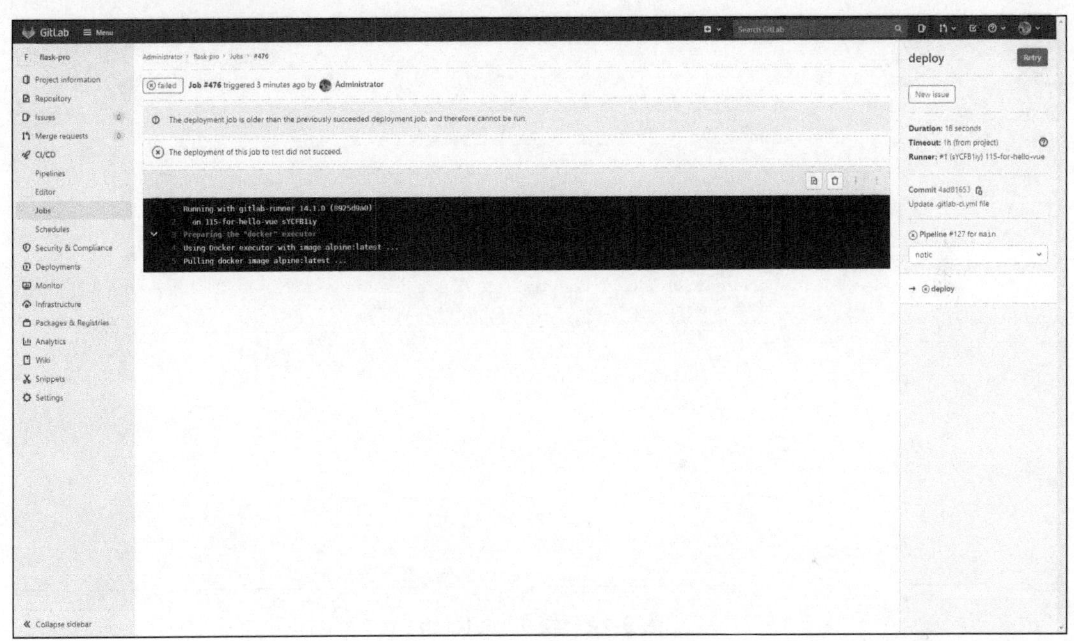

图 9-11　跳过过期部署作业

除此之外，为了实现安全部署的目的，开发者还可以设置一些保护分支，将一些部署变量设置为只在保护分支使用，或进行遮罩以避免泄露。

9.6.5 大项目优化

当一个项目足够大时，任何一个阶段的耗时都会变得非常敏感。开发者为了获取更好的开发体验，总是在追求最快的构建速度、最快的部署速度。在本节中，我们会提供一些针对大项目的构建部署的优化建议，如果你的流水线耗时比较长，那么你可以试着从以下几方面优化它们。

（1）如图 9-12 所示，使用 git fetch 来代替 git clone。在 GitLab Runner 中使用 git fetch 来下载项目可以获取更快的速度。开发者可以在 GitLab 项目 CI/CD 的配置中进行设置。

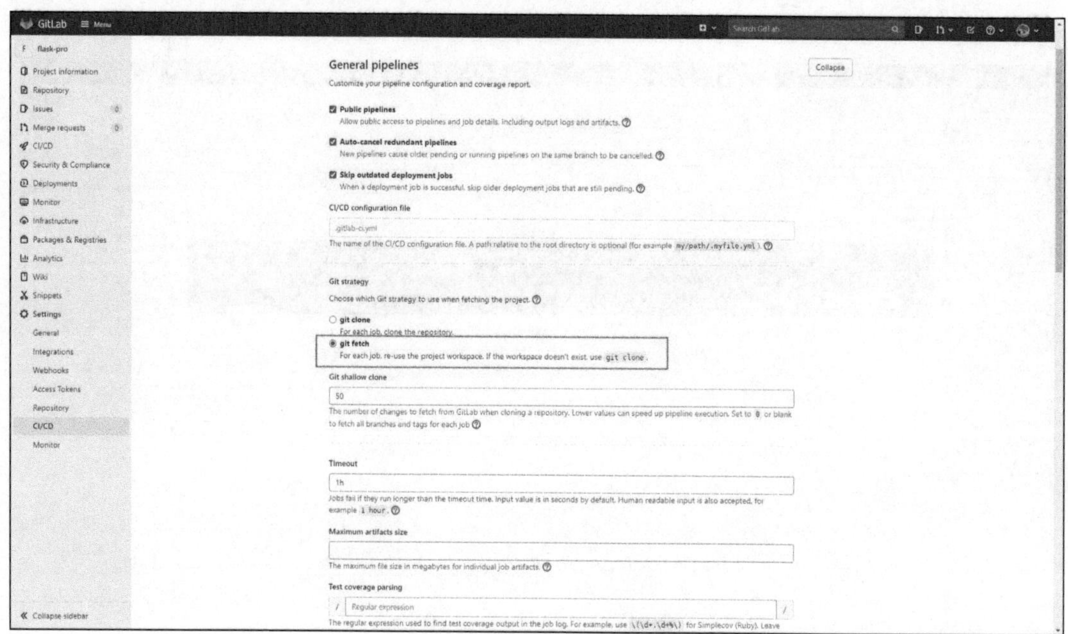

图 9-12　使用 git fetch

（2）将 Git shallow clone 的值设置得更小，以减少下载的文件变动，进而提升项目的下载速度。

如果有必要，可以设置下载项目的目录——通过变量 GIT_CLONE_PATH 可以设置 GitLab Runner 下载项目代码时的目录。

（3）有条件地进行取消缓存和 artifacts 回滚。在每一个作业开始时，GitLab Runner 默认会将 artifacts 和缓存恢复到当前的工作目录中。如果当前的作业不需要这些，那么开发者可以通过在作业上设置 cache: []和 dependencies:[]来禁用缓存和 artifacts。

（4）一个大项目在构建或者部署时需要的环境镜像有时是非常多的，在这种情况下，我们强烈建议将项目所需要的镜像构建成一个镜像，这会省去很多重复下载多个镜像的时间，也能保证构建环境的统一。

(5) 当一个项目没有 CI/CD 时，用户可能希望集成 CI/CD。但当一个项目有了 CI/CD 后，用户追求的可能就变成极致的构建部署速度了，例如构建速度、部署速度、每个作业的速度以及下载的速度。为了提高流水线的运行速度，开发者可以查看每个作业的运行时长，找到最耗时的作业进行优化。

图 9-13 所示的是一条流水线中所有作业的耗时信息。

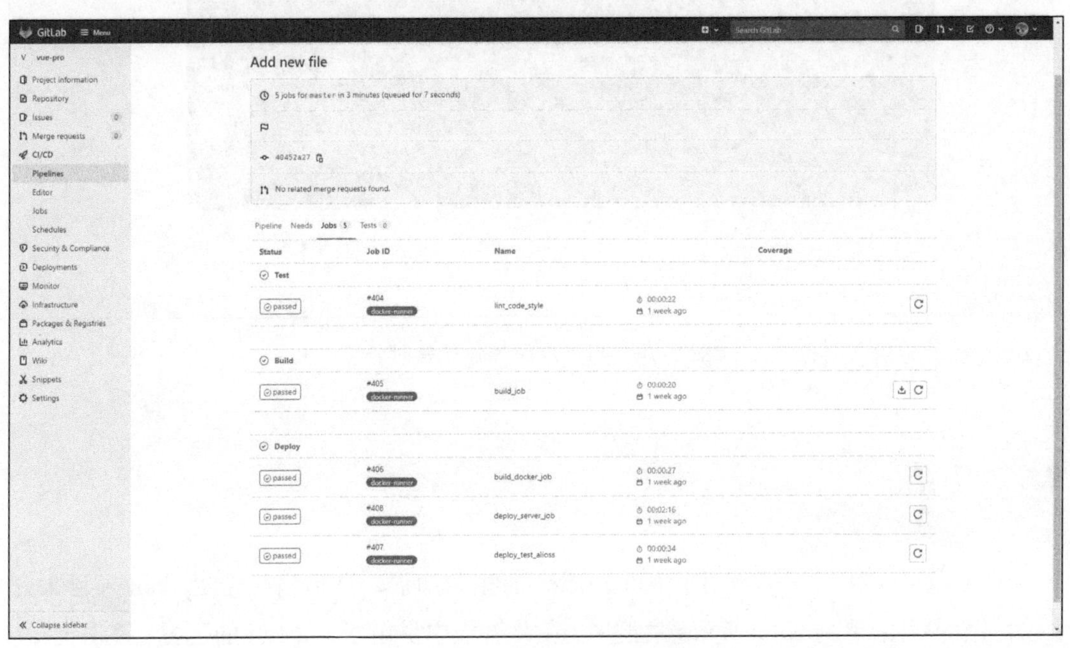

图 9-13 流水线作业耗时信息

(6) 除了查看流水线的作业耗时信息，开发者还可以根据作业日志进行排查，以发现作业耗时主要在哪一个环节。如图 9-14 所示，这是一个作业的日志。可以看到，右侧的时间表明了每一个操作所耗费的时长。

通过上述操作，开发者可以很容易找到最耗时的作业和操作，从而加以优化。

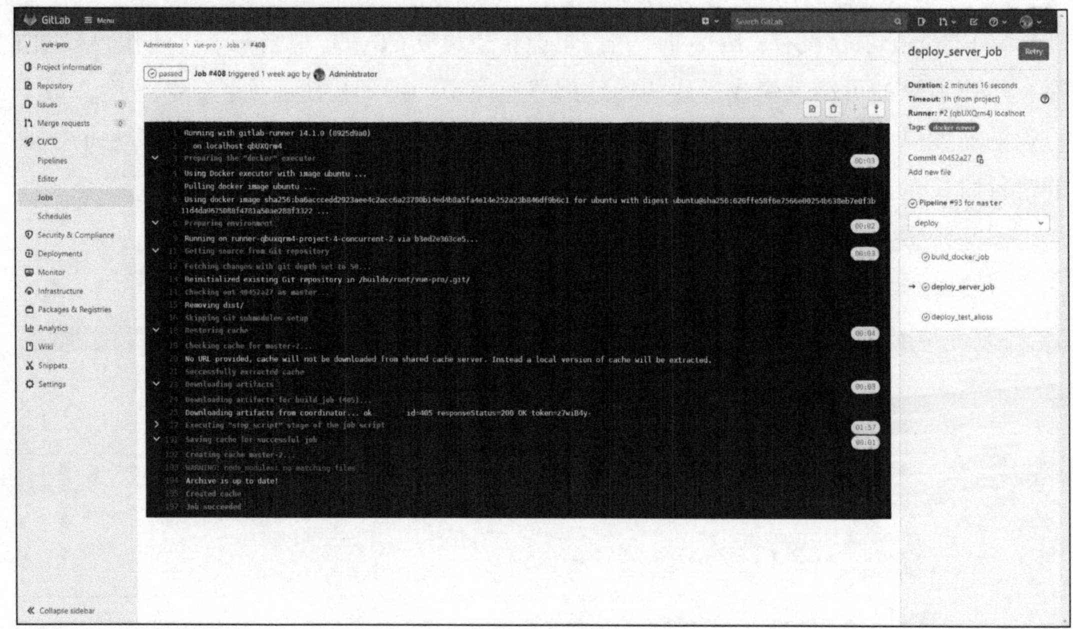

图 9-14　日志展示操作耗费时长

9.7　小结

在本章中，我们简单介绍了 Kubernetes 的相关知识，并借用一个 Python 项目来介绍如何将项目部署到 Kubernetes 集群中，在此过程中讲解了 kubectl 的配置、镜像推送、集成钉钉通知，以及安全部署。在未来一段时间内，Kubernetes 仍有可能持续引领技术的浪潮，我们相信，掌握在 Kubernetes 中应用 GitLab CI/CD 将成为运维人员必不可少的一项技能。

附录1　GitLab CI/CD中的预设变量

变量	GitLab 版本	GitLab Runner 版本	描述
CI	all	0.4	对 CI/CD 中的所有作业可见，值为 true
CI_BUILDS_DIR	all	11.10	构建时的最顶层目录
CI_COMMIT_AUTHOR	13.11	all	提交的作者，格式为：名称<邮箱>
CI_COMMIT_BEFORE_SHA	11.2	all	当前分支上一个提交的哈希值
CI_COMMIT_BRANCH	12.6	0.5	提交的分支名，在合并流水线和 tag 流水线时不可见
CI_COMMIT_DESCRIPTION	10.8	all	提交的描述
CI_COMMIT_MESSAGE	10.8	all	完整的提交信息
CI_COMMIT_REF_NAME	9.0	all	项目的分支名或 tag 名
CI_COMMIT_REF_PROTECTED	11.11	all	如果作业正在构建的是被保护的分支或 tag，值为 true
CI_COMMIT_REF_SLUG	9.0	all	CI_COMMIT_REF_NAME 的另一种形式

续表

变量	GitLab 版本	GitLab Runner 版本	描述
CI_COMMIT_SHA	9.0	all	提交的完整哈希值
CI_COMMIT_SHORT_SHA	11.7	all	8 个字符的提交哈希值
CI_COMMIT_TAG	9.0	0.5	提交的 tag，仅在 tag 流水线可见
CI_COMMIT_TIMESTAMP	13.4	all	提交时的时间戳
CI_COMMIT_TITLE	10.8	all	提交的标题
CI_DEFAULT_BRANCH	12.4	all	项目的默认分支
CI_DEPLOY_FREEZE	13.2	all	当流水运行处于部署冻结阶段时可见，值为 true
CI_ENVIRONMENT_NAME	8.15	all	当前作业的部署环境名，当设置了 environment:name 时可见
CI_ENVIRONMENT_URL	9.3	all	当前作业的部署环境地址，只有设置了 environment:url 才可见
CI_JOB_ID	9.0	all	当前作业的 ID，系统内唯一
CI_JOB_IMAGE	12.9	12.9	当前作业使用的 Docker 镜像名
CI_JOB_NAME	9.0	0.5	当前作业名
CI_JOB_STAGE	9.0	0.5	当前作业所属的阶段名
CI_PIPELINE_ID	8.10	all	当前流水线 ID（实例级），系统内唯一
CI_PIPELINE_SOURCE	10.0	all	流水线触发方式，枚举值为 push、Web、schedule、api、external、chat、Webide、merge_request_event、external_pull_request_event、parent_pipeline、trigger 或者 pipeline
CI_PIPELINE_TRIGGERED	all	all	当作业使用 trigger 触发时为 true
CI_PIPELINE_URL	11.1	0.5	流水线详情的地址
CI_PIPELINE_CREATED_AT	13.10	all	流水线创建时间
CI_PROJECT_DIR	all	all	存放复制项目的完整路径，作业运行的目录
CI_PROJECT_NAME	8.10	0.5	当前项目名称，不包含组名
CI_PROJECT_NAMESPACE	8.10	0.5	项目的命名空间（组名或用户名）
CI_PROJECT_PATH	8.10	0.5	包含项目名称的命名空间
CI_PROJECT_TITLE	12.4	all	项目名称（网页上显示的）
CI_PROJECT_URL	8.10	0.5	项目 HTTP(S)地址
CI_RUNNER_TAGS	8.10	0.5	用逗号分隔的 runner 标签列表
GITLAB_USER_EMAIL	8.12	all	开始当前作业的用户邮箱地址
GITLAB_USER_LOGIN	10.0	all	开始当前作业的登录用户名

续表

变量	GitLab 版本	GitLab Runner 版本	描述
GITLAB_USER_NAME	10.0	all	开始当前作业的用户名
CI_MERGE_REQUEST_APPROVED	14.1	all	当合并流水线的 MR 被通过时值为 true（仅合并流水线可见）
CI_MERGE_REQUEST_ASSIGNEES	11.9	all	逗号分隔的合并请求指派人列表（仅合并流水线可见）
CI_MERGE_REQUEST_SOURCE_BRANCH_NAME	11.6	all	合并请求中的源分支名称（仅合并流水线可见）
CI_MERGE_REQUEST_TARGET_BRANCH_NAME	11.6	all	合并请求中的目标分支名称（仅合并流水线可见）
CI_MERGE_REQUEST_TITLE	11.9	all	合并请求的标题（仅合并流水线可见）

附录 2　GitLab CI/CD 测试题

1．关键词 cache 与 artifacts 的区别是什么？

2．请说出 5 处定义变量的地方。

3．如何在流水线报错时发送自定义的通知？

4．请说出一些常用的预设变量。

5．引入外部流水线文件有哪几种方式？

6．提取流水线中的公共配置有哪些方式？

7．如何在跨项目流水线中保证作业的运行顺序？

8．如何在多个作业中传递修改后的变量值？

9．如何保证安全部署？如何保证环境部署的顺序？

10．如何限定在某一时间段不允许部署？

11．如何将项目部署到远程服务器？

12．如何同步执行器容器与本地宿主机的文件？

13．请说明 Docker 执行器与 Shell 执行器的区别。

14．请说明 GitLab CI/CD 中进行 K8s 集群的应用部署有哪些方案。

15．在 docker in docker 的模式下，如何进行镜像构建、运行？

16．从外部触发一个项目流水线的方式有哪几种？

17．关键词 image 与 services 有什么区别？

18．如何在线调试流水线？

19．请描述一下 GitLab、GitLab Runner 和执行器三者之间的数据流转过程。

20．请描述一下一个作业在运行时的动作。